庭园造景丛书

庭园造景之道

TINGYUAN ZAOJING ZHIDAO

◎ 朱之君　著

ZHEJIANG UNIVERSITY PRESS
浙江大学出版社

序

　　第一次见到朱之君先生是在2010年浙江省举办的花木产业发展论坛上，当时对他了解不多，仅知道他是天香园林公司的董事长和园林建造方面的专家。但听到他关于庭园造景的学术报告时，却让我很惊讶。他从自然瀑布的形成、走向、流速等方面分析势能的形成、储存、转化的规律，并以园林不同空间的景观元素及其相互关系，分析其能量的变化与人的心理感受。同时，利用这些景观元素如山、水、树、草、楼、亭、池、路等在空间的变化及人的感受阐述了势能产生、能量的积聚与流泻、势能转化的关系，并具体讲述了如何利用这些理论来指导园林景观设计。他在花木产业发展论坛上的报告让人耳目一新。

　　中国有着悠久的造园历史和丰富的文化积淀。如果从殷、周时代囿的出现算起，至今已有3000多年的历史，是世界园林艺术起源最早的国家之一。中国园林受中国传统文化和哲学的影响，强调天人合一，形成人与环境和谐统一的山水园林。凡园追求"有自然之理"、"得自然之趣"，达到"虽由人作，宛自天开"之境界。中国的园林艺术是中华文化的瑰宝和重要文化遗产，很多园林方面的专家对中国古典园林艺术进行了研究，取得了大量可供后人借鉴的成果。朱之君先生在长期的造园实践中，凭着他对大自然的领悟，对中国造园理论的学习和体会，从一个新的视角来研究中国造园的艺术，形成了自己独特的见解。

　　《庭园造景之道》从势能理论与造景开始，全面分析了自然之势的特点，从高山瀑布流水、水库水坝到古代房屋风水构成，阐述了高者为势的观点，又从自然之势延伸到人道之势和造园之势，结合园林的空间布局分析了势能相互转化的造园手法。在此基础上，作者又从庭园造景与道法自然的关系进行了阐述，进而对造园设计中的唤醒理论（包括视觉、听觉、嗅觉、触觉、意觉唤醒）、安全理论、瀑布理论、肠道理论以及这些造园理论的相互关系进行了分析。通过安全理论指导营造庭园安全之感，运用瀑布理论营造庭园势能之感，利用肠道理论营造聚气之感。同时，作者在书中通过各种实例对庭园造景理论进行了应用解析，全面阐述了造园之道的理论与应用。

本书最大的特点有三个：一是作者的造园理论是在长期的实践中领悟出来的，有自己独到的见解，形成了自己的理论体系，并且应用此理论来指导他的造园；二是图文并茂，势能分析、转化、肠道理论等都有具体图来表示，让人一目了然；三是文风精炼、朴实，道理说得清楚明白，是一本有探索、有新见解的专著。从这本专著中可以看到作者有深厚的文化底蕴，有独到的分析能力，在造园方面有很强的理论与实践功底。

这本专著是作者多年研究与实践的结晶。作者在 2012 年 6 月写完初稿后寄与我阅读，请我提些意见，今年初又将修改的书稿专程呈送与我。在即将出版专著之前，作者又进行了认真的修改和调整，并将理论与技法分开，形成了这本以造园理论为主的专著。

本人作为园林的同行，再次向本书的作者表示祝贺与感谢，希望作者今后有更多更好的园林专著问世。

北京林业大学 教授　张启翔

2013 年 3 月

前　　言

多年前，朋友间闲聊生活话题时曾争辩过，生活的高品质究竟是什么？当时我说，应该是"心的自在"。

多年来常究此理，越发感悟到凡得身体之健康长寿、家庭之和睦幸福、事业之繁荣兴旺者，皆有自在心。在工作、生活忙碌之余，可以自由欣赏烟霞夕晖，沐浴清风细雨，得山水之幽、鱼鸟之乐、花草之芬芳，以荡涤凡世之尘俗，洗尽心中之烦忧，此谓品质生活。故而品质生活的真正内涵，在于感受心的自在。

心的自在缘于何处？是安居；安居的缘由何在？是安心；安心的延伸是什么？是舒心；舒心的延续是什么？是乐业；乐业的结果是什么？是成就感。所以说，人生的成就感源于安居，可见安居对于人生而言，是多么的重要。

从人类居住文明发展的进程来看，人们十分重视身体躯壳的安全。从远古时期的穴居，到后来的茅草房、竹楼、木屋，直至如今的钢筋混凝土住宅，人类不断获得和加强了生命躯壳的安全感，而对于内心精神之安定则不太在意。其实，安居之道的"安"，既是身体躯壳的安全，更包含了内心精神之安定。

如今，我们生活在钢筋水泥所铸就的环境里，生命躯壳多了的不只是那么一层安全防护网，随之而来的还有远离自然的惆怅和失落。当我们置身于高楼林立的现代都市，我们的身心被冰冷如霜的钢筋水泥重重包围而看不到青山云霞时，我们苦恼了：这是我们想要的理想家园吗？

安居之道，合乎自然，当家园既能够给我们带来躯壳的安全感，又能够让我们在亲近自然中得到精神之安定，感受生命的灵动和自在，我们的身心才算是真正的"安居"。

庭园造景，就是给人们造就一个置身于自然的家，让我们能够亲近自然，获得生命躯壳和内心精神的双重"安居"。当我们放下工作，回到家中庭园静坐，可以纳清风台榭开怀，伴流水亭轩赏心，听一缕轻柔的乐曲，喝一杯浓香的清茶，全身心沉浸于悠然的自然之中而忘乎所以，这便是生活之极乐也。

本人虽有上述之感悟，但一直未予以系统地探究和总结。直到几年前一次偶然的机会，浙江大学园林在职研究生班邀请本人去讲"庭园造景"，应下之后才发觉不知该从何讲起，于是便萌发了整理撰文的想法。本人林学专业出身，后因个人兴趣及工作需要，到中国美术学院学习雕塑一年；从原单位"下海"后从事植物栽培、盆景制作、园林施工、庭园造景等方面工作二十余年，在上述诸方面略有一些思考，并在这些年庭园设计与施工中积累了一些实际理念与实践经验。

本书主要阐述了从庭园造景实践中探究而得的四大理论，即唤醒理论、安全理论、瀑布理论、肠道理论。其中以唤醒理论为核心（即庭园造景之本源），其它三大理论为支撑。运用安全理论打造庭园，给人以安全感；运用瀑布（山水坝）理论营造庭园，形成势能量；运用肠道理论，以婉转曲折之形将能量存储，形成藏风聚气之宝地，最终达到唤醒安全感、成就感之终极目的。书中还重点着墨于对自然之势和人道之势的剖析，并阐述了在庭园造景之中如何借势、造势，以达到内外部环境的和谐，即"天人合一"，形成正能量。

在本书的写作过程中，胡玉毛先生协助资料收集与整理，黄敏强先生协助效果图绘制，何礼华先生协助书稿修改及排版校对，王国维女士给予了一些精辟的建议，在此谨向各位同仁致以诚挚的感谢。

衷心希望本书的出版能为我国庭园造景行业在设计、施工等方面提供一些参考及帮助。由于写作时间仓促，书中不足和疏漏之处，敬请专家和读者批评指正。

2012 年 10 月于杭州

回 目 录

第四章　庭园造景理论实际应用解析

第五章《清闲供》局部文章解读

第一章

势能理论与庭园造景

本章从自然之势、人道之势、造景之势三个方面阐述势能理论与庭园造景的关系，以及人生的终极目标对于庭园造景的要求。

第一节
自然之势

（一）高山瀑布流水图分析

——瀑源于高，高形成势，势产生能

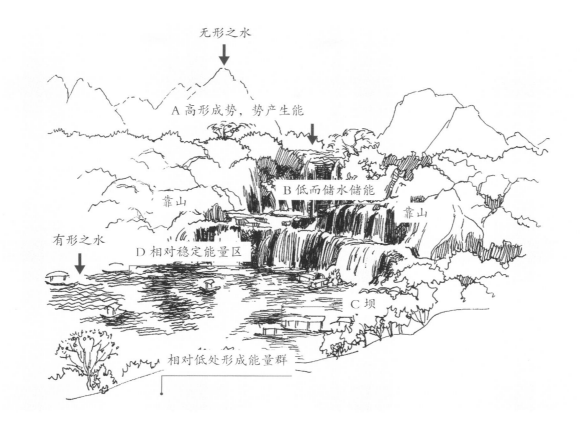

1. 瀑源形成：山上瀑布水源的形成来自于大气降水、冰雪融化和泉水涌出等。因山势高，气候复杂，昼夜温差较大，容易形成降水及积雪，加之山上树木蓄水，多有泉水涌出。

2. 瀑布形成：瀑布形成跌水，其原因在于高差，瀑布背依大山，水自靠山 A 处向下流泻，在 B 点形成相对稳定的能量区域，即源源不断地跌水。

3. 在 C 处有一坝，通过坝的阻挡，使水势变缓，且使 D 区域能量相对较稳定，不至于因瀑布水势过大过强而导致能量流失过快。

4. 流向及势能变化：瀑布顺势而下，流向山下，遇石转弯，势向转变，曲曲弯弯之中，形成不一样的动能。宽敞处缓缓而下，狭窄处急流奔涌，或成渠、涧，或成潭、溪、河、沟，水位也或浅或深（庭园中的园路，或高或低，或宽或窄，或动或停，同理）。

5. 化能：由于高差跌水，产生势能，可用于水力发电；水流至山谷，能量缓而集中，可拦坝成湖或水库，用于养殖、灌溉和观光等。也就是，将瀑布水能经过坝之取位转化为能量，为人们所用，而低处即是水能储存之地（可化成动能、静能、急能、缓能、快能、慢能等）。

总而言之，就是瀑源于高，高形成势，势产生能。

回（二）水库水坝图分析

——坝，储能、调节能、转化能

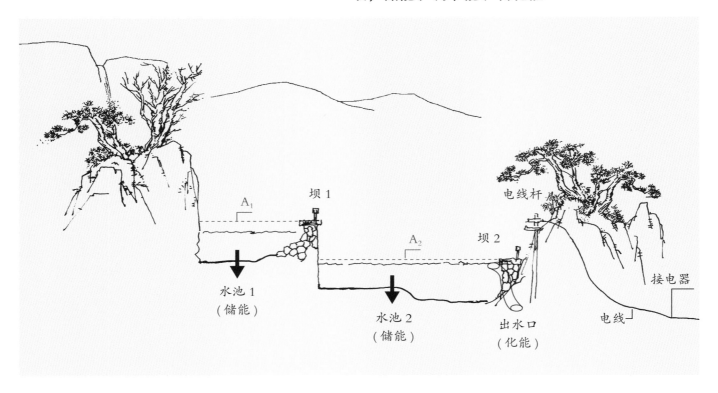

◎◎**解析**

上图为水库水坝的意象图，左边的山很高，所以势比较强，山下的水池1相对低，势较弱（即左边的高山是水池1的靠山），所以瀑布从山上流下来，产生瀑布势能。而在水池1边上建一个坝1，这就起到了势能调节的作用，瀑布势能就被挡住了，势能产生的能量也积聚在水池1中。此时，水池1中积聚的水能量经过坝1的阻挡而停留，因停留而产生能量积聚。水池1相对于水池2来讲，势又是比较强的（即水池1是水池2的直接靠山）。当水池1中的水位A1高于坝1时，势能就由水池1向水池2流动。而此时在水池2的右边是一座山（即水池2的靠山），势能就流失不出去了，所以势能最后就储存在水池2中。经过能量的转化，水能可以用来发电。而当水池2里的水满了，即A2高于坝2时，水就会顺着出水口流淌，这样就形成了良好的势能（风水）流转。

图中的水即是能也，而能量有两种状态：一是有形之能；二是无形之能。没有明水的势能图如下：

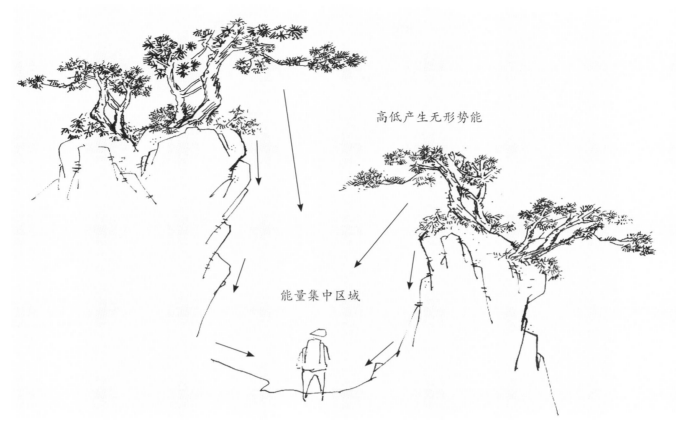

高低产生无形势能

能量集中区域

从以上两个例子中，我们可以得到以下启示：

1. 人要不断地寻找靠山，只要是有某一方面比自己高的人（有一技之长也是）都能够给我们提供势能，要学会借势（高者为山）。

2. 在与人交往中，人要谦虚，尽量放低姿态，不可高傲。只有这样才能看到别人的长处及优点，继而将其能量吸取到自己这里，才能不断完善自我（低者为坝，势之能量才会流向自己）。

3. 人要不断地学习和进步，增加"坝"的高度，使其变得更高大更坚实，这样才能储存更多的能量。

4. 人要学会付出，在特定的时候成为别人的靠山，这样才可互为依存，能量常新（如井水之取用道理，又如风水中的出水口）。

5. 人希望找到靠山，又希望成为他人的靠山而被他人所依靠，所以"山"和"坝"是不断转换角色的。

6. 人要不断学习各种技能，训练强有力的信念，让各种本领成为自己的靠山，有可能的时候也要争取做其他人的靠山。

我们再来看看人下山图：

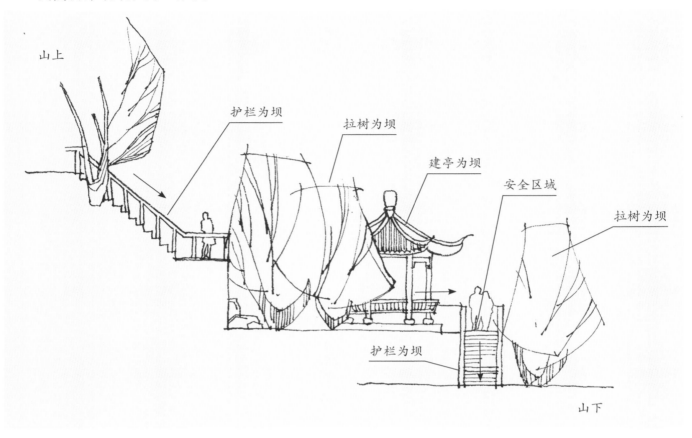

山上

护栏为坝

拉树为坝

建亭为坝

安全区域

拉树为坝

护栏为坝

山下

  一般下山的路都是蜿蜒曲折的，而不会是直上直下的，这是因为人需要一个相对稳定的安全的能量场。我们把踏步看做是跌水，由高而下，山上的势能向山下流泻，这种能量是充沛激荡而不稳定的。此时，我们以栏杆为坝、以树为坝、以亭为坝，这样就能阻挡住一部分势能，使势能得以停留而相对稳定，从而形成安全能量区域。这样人在下山时就会感到很安全，并有兴致去游览沿途的风景了。反之，如果没有这些"坝"的存在，人在下山时看到陡峭的崖壁，走路时就会担心自己不小心会掉下去，便会惶恐，也就无心去观赏美景了。从风水学角度上讲，这些"坝"其实也可看做是主山的案山和护山。当然，有些人会在无栏杆的峭壁间行走，以体验紧张、刺激的感受，这是另一种状态，即放弃安全感而带来的刺激，也是逆势带来的不一样的成就感。

（三）古代房居风水图分析

—— "风水宝地"意即合乎自然，人和自然和谐之地

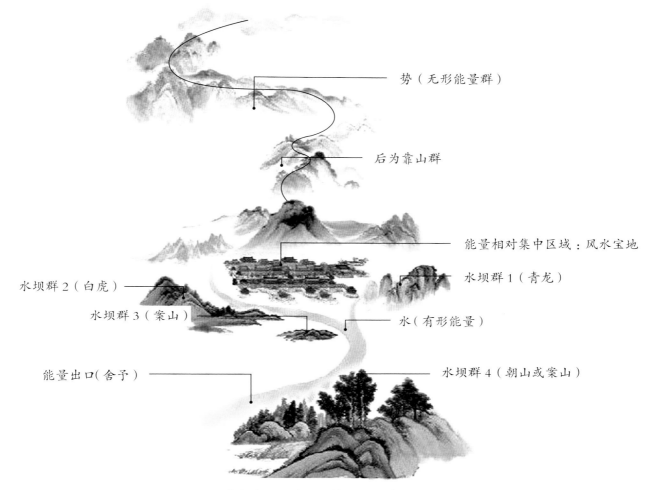

势（无形能量群）

后为靠山群

能量相对集中区域：风水宝地

水坝群1（青龙）

水坝群2（白虎）

水坝群3（案山）

水（有形能量）

能量出口（舍予）

水坝群4（朝山或案山）

古代房居风水图（摘自中国地理网）

高者为山　低者为坝　平者为水　互为依存　不断转化

◎解析

风水，"风"和"水"，风起水生，自然之道。"风水宝地"意即合乎自然，人和自然和谐之地。

古代最理想的房居是坐落于背山面水的风水宝地，房屋后面有强大的靠山群落，靠山群落将势能（无形之能）及水能（有形之能）源源不断地供应给房屋（找到靠山，吸取能量）。而为了保持能量，房屋的前面有案山，东西两侧有护山，即可看成水坝，将能量阻挡保存住（提高自我，储存能量）。在水坝4的左边留一个能量出口，即保持能量的流通，使能量长盛不衰（释放能量，保持常新）。这样，才得以成就一片风水宝地（自己得到进步和发展，获得成就感）。

（四）高速公路图分析

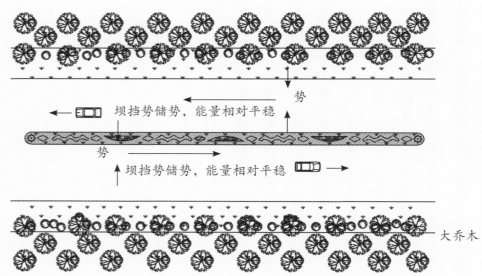

大乔木

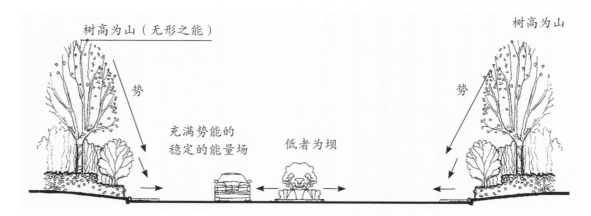

◎◎解析

　　高速公路两边为高大的树木，树高为山，即为高速公路上行驶的车辆的靠山。高产生势能，两侧的大树产生的势能量向下作用到高速公路上，中间有一行绿化带，较之两侧大树低，低者为坝，将向下作用的势能挡住，使其积聚在道路上，形成稳定的能量场，所以车辆在道路上行驶会觉得很安全。如果道路两旁的树很低或者没有树（或栏杆）的话，那么高速公路则无法产生和积聚相对稳定的能量，开车的人会感到很不安全，这其实是无形的势能量场（潜意识能量场）在影响人的情绪，进而情绪影响人的行为。

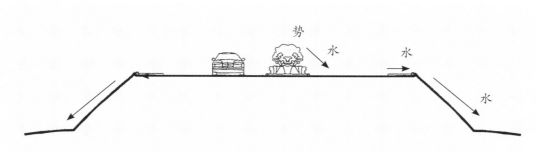

　　无坝阻拦之"水"面（路面），则水（势能量）易散于左右而导致能量场不稳定，水流失去特定方向

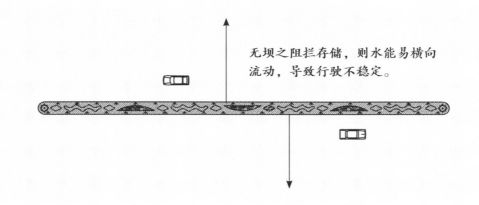

　　无坝之阻拦存储，则水能易横向流动，导致行驶不稳定。

　　如果高速公路两边没有种树或是建护栏的话，又会怎么样呢？

　　如上图所示，高速公路两旁没有护栏或高的树木，在飞速行驶之时人会感觉很不安全，这就像人走在高山的栈道上，而栈道的外侧没有护栏一样，会担心摔下去。这是因为该区域的气场是不安全、不稳定的，所以导致人潜意识产生恐惧感，而此恐惧感化能之后影响人的行为。

高者为山　低者为坝　平者为水　互为依存　不断转化

第二节
人道之势

——见己之所短，学人之所长

明朝名臣张居正在他的传世之书《势胜学》中说到："不知势，无以为人也。势易而未觉，必败焉。"由此来阐述"借势"的学问，即如何借助他人的"势"来为自己谋得最好的处境。他的这一思想贯穿于他一生的始终，最终使其位极人臣，被誉为"中国历史上优秀的内阁首辅之一，明代最伟大的政治家"。

项羽乃将门之后，勇冠三军，而刘邦只是一介草民，但在楚汉争霸中刘邦却技高一筹，最终逼得一代霸王兵败垓下，自刎乌江。刘邦赢得天下，建立了彪炳千古的大汉王朝。不可否认，刘邦确有过人之处，善谋、善忍，最重要的是善于用人，即借他人之势开邦建国。刘邦旗下文有张良、萧何、陈平，武有韩信、樊哙，此辈皆是定国安邦之贤才也。刘邦懂得利用他们的长处为自己的信念、目标服务，完成一些自己不擅长或根本无法完成的事情。所以，刘邦是个"借势"的高手，最终赢得争霸的胜利而定天下，造福百姓。而反观项羽，韩信本在项羽手下任郎中，曾多次向项羽献计，但均未被采纳，始终不得重用，后转投刘邦，刘邦深惜之，最终成为刘邦打败项羽最重要的大将。项羽亚父范增善谋叠起，富有雄才，足以协助其定国安邦，但因遭项羽猜忌，最后黯然离去（势能流转不进来），剩下项羽便独木难支了。

刘邦是借势的高手，而项羽却刚愎自用，觉得老子天下第一，夜郎自大，所以，最终的汉朝天下是以刘邦为首的团队开创的。

其实，借人势的经典例子在历史上不胜枚举。刘备的三顾茅庐，用谦卑和诚意打动了孔明，才会有后来三国鼎立的局面。巧借人势，以利己功。不得不说，借势这一学问确实值得今天的我们好好推敲。

我们不得不赞叹张首辅"不知势，无以为人也"的高明和远见啊！但是，我们如何去借势呢？其妙法一言以蔽之："见己之所短，学人之所长。"要做到这一点，就必须学会谦卑。

为了便于大家更加直观地理解"人道之势"，下面举例分析。

回（一）心态与技能流转解析

假如有甲乙二人，都是从事园林专业工作的，甲的理论水平很高，但实践能力不强；而乙却相反，理论水平不高，但实践能力很强。我们暂且把图中的人影看作是心态和技能，以此来研究一下山水坝理论在人道之势中的应用。

情况一：

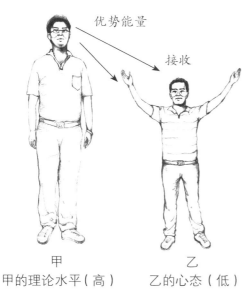

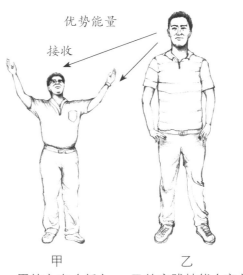

甲   乙   甲   乙
甲的理论水平（高） 乙的心态（低）   甲的心态（低） 乙的实践技能（高）

最后所导致的结果：

甲的理论水平和实践技能都很高   乙的理论水平和实践技能都很高

高者为山 低者为坝 平者为水 互为依存 不断转化

◎◎解析

甲的理论水平高，而这却是乙的缺点，从这点上讲，甲的势比乙高，甲就是乙的靠山。若乙很虚心地向甲求教（找靠山、借势），甲也很热心地赐教（成为别人靠山），最后甲的势能输送给了乙，使乙的理论水平也提高了（储存能量，获得提高），而甲的赐教和奉献也会受到乙的赞许（获得成就感）。

乙的实践技能强，这却是甲的缺点，从这点上讲，乙的势比甲高，乙就是甲的靠山。若甲很虚心地向乙求教（找靠山、借势），乙也很热心地赐教（成为别人靠山），最后乙的势能输送给了甲，使甲的实践技能也增强了（储存能量，获得提高），而乙的赐教和奉献也会得到甲的赞许（获得成就感）。

最终，甲乙两人的专业理论和实践技能都变得很强了。

情况二：

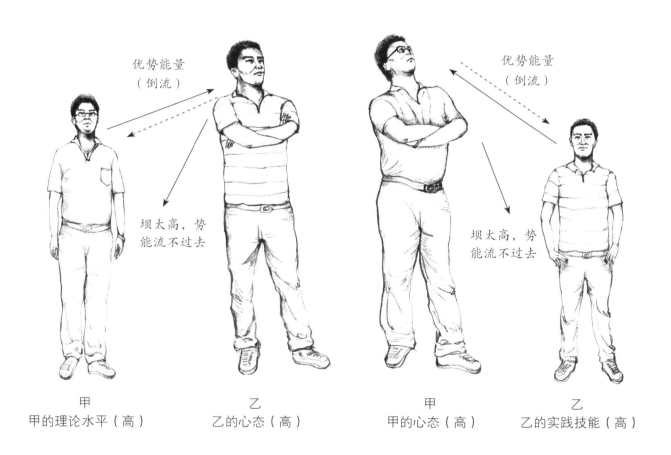

最后所导致的结果：

甲的实践技能还是不强

乙的理论水平还是不高

◎◎**解析**

甲的理论水平高，而这是乙的缺点，从这点上讲，甲的势比乙高，甲就是乙的靠山。本来乙应该虚心向甲求教，以获取甲的理论之势能。但乙却心态很高，很傲慢，不愿意虚心求教（不找靠山、不借势），所以乙就没有学会甲的理论（无法储存能量，获得提高），而甲也无法将理论教给乙（成不了别人靠山），乙也不会对甲心存感激（甲无法达成成就感）。

乙的实践技能强，而这又是甲的缺点，从这点上讲，乙的势比甲高，乙就是甲的靠山。本来甲应该谦虚地向乙求教，以获取乙的技能之势能。但是甲却心态很高，很傲慢，不愿意虚心求教（不找靠山，不借势），所以甲就没有学会乙的实践技能（无法储存能量，获得提高），而乙也就无法将实践技能教给甲（成不了别人靠山），甲也不会对乙心存感激（乙无法达成成就感）。

最终，甲乙两人都没有获得进步和提高，甲的缺点还是实践技能差，乙的缺点还是理论水平低。

综上所述，只有学会谦卑（筑坝心态），才能做到"见己之所短，学人之所长"，这样才能真正做到巧借人势，以利己功，才能在找到靠山、学习技能的过程中不断提高自己，真正达成人生的最终需求：获得安全感和成就感。

高者为山 低者为坝 平者为水 互为依存 不断转化

（二）夹道欢迎图分析

夹道欢迎之局部解析图：

充满被尊重和被礼遇的势能

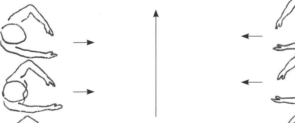

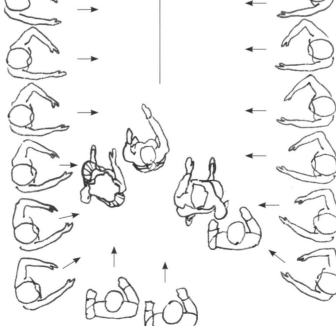

◎解析

　　一般有贵宾和特殊的客人到来时，为了体现尊重和欢迎，接待方常常会夹道欢迎，这样能够体现尊重，使客人感觉到热情舒畅。其实，这也可以利用势能理论来解释，即走道两边站满了列队欢迎的人，能够使走道充满势能（鼓掌的声"势"、列队迎接的姿态之"势"、目光的专注聚焦之"势"以及仰望崇敬之"势"等结合在一起所形成的能量场），这种无形的势能能够使走道的能量气场充足且相对稳定和安全，所以贵客会感到有安全感。另外，在贵客感到被尊重的同时，也使其获得了成就感。换句话讲，就是夹道欢迎会使走道形成一个使人充满安全感和成就感的能量相对充足的区域。

　　这种夹道欢迎的方式也经常应用到庭园景观之中。

高者为山　低者为坝　平者为水　互为依存　不断转化

15

　　图为某住宅区主入口景观，入口为包容性设计，给人以潜意识的安全感。一进园区，车道两旁的银杏树、香樟树就像卫兵一样整齐地站列着，夹道欢迎来人，使人感觉到热情与尊重。这个也是因为"夹道欢迎"会使走道形成一个使人充满安全感和成就感的能量场区域。

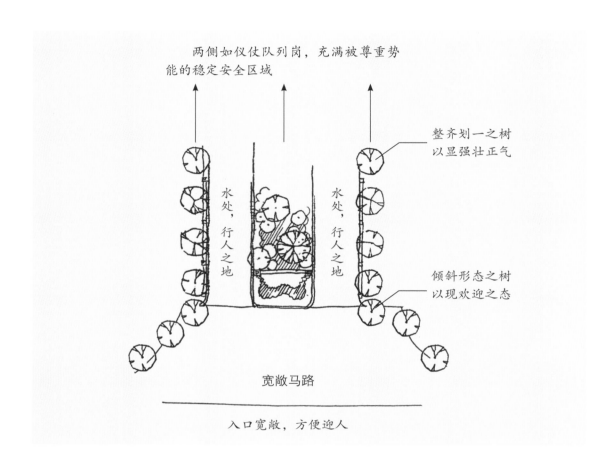

两侧如仪仗队列岗，充满被尊重势能的稳定安全区域

整齐划一之树以显强壮正气

水处，行人之地

水处，行人之地

倾斜形态之树以现欢迎之态

宽敞马路

入口宽敞，方便迎人

（三）特殊文字加持势能量分析

毛泽东主席题字

江泽民主席题字

高者为山　低者为坝　平者为水　互为依存　不断转化

◎◎解析

特殊文字也能加持和增强势能，如伟人或特殊人物（即高人）的题字，可以在无形之中变得厚重而加强势能。如一处景观有高人题字，那么此处景观的价值就会更加凸显，这并不是简单的名人效应、伟人效应等，这是通过高人的指点而使文字的能量加持变大变强了。可以说，同样的文字，同样的一句话，由普通人写出来、喊出来，它的效果和能量就远不如名人和伟人等"高人"，这就是印象势能。如江泽民主席为丽江古城的题字，就加深了人们对丽江古城的印象，扩大了其影响力，也使其势能量增强了。

其实，生活中的其它方面也存在与文字加持能量同理的事例。比如说歌唱比赛，选出优秀歌手（如超男、超女比赛，中国好声音等节目），通过海选、初赛、五十进十、十进五、五进三等晋级赛以及决赛等，每晋级一次，该选手的势能就会加持一次。不断晋级，不断加持，该选手不断地获得肯定、支持及掌声赞美。于是，歌手的势能不断增强，才有了后面与之相应的名次、人气以及几千到几万、几万到几十万的出场费，这就是能量不断加持导致的。

在庭园造景中，诗画楹联的应用也是加持能量，能够增强景物的可观性和情趣性。

安全感是人的第一需求，人们为了获得安全感，而不断地找靠山，不断地去借势，以使自己变得强大，有足够的实力去获取自己所追求的东西，满足自己的欲望。所以，有了靠山，才会有安全感。而以安全感和找靠山为基础所衍生出来的"势能文化"也俨然成为我国古代文化中不可

或缺的一部分，即我们所说的人道之势。

我国古代封建统治者经常以"真龙天子"自居，这个即是势文化应用最典型的例子。众人皆知，我国古代原是农耕民族，在耕作科技不发达的情况下，人们只能是靠天吃饭，而最怕的就是天灾，即旱、涝灾害。黄河百害，旱灾水涝不断，使老百姓缺乏安全感，人们很迫切地需要风调雨顺。为了获得安全感，就要寻找靠山。那什么才是最强大的靠山呢？就是"天"和"龙"，因为"天"能主宰气候、判分阴阳，而"龙"能够行云布雨。天之高，龙之神秘，所以，老百姓的精神依托就是天和龙。封建统治阶级利用人们的这一心理，把自己说成是"真龙天子"，即表明自己是老百姓最强大的靠山而来统治万民。这就是人道之势的典型应用，在中国二千多年的封建统治时代，帝王借"天"之势，统治万民，可谓登峰造极。

总而言之，无论是自然界，还是人类社会，势能都是存在的。通过不断地研究，使势能理论体系化，并将其应用到相关领域，是我们不懈的追求。

回（四）人生的终极需求是什么

为什么很多游戏让人痴迷沉醉，并让一些游戏开发公司大发其财？比如网易、盛大等企业，现在已发展成为中国顶尖的文化强企。

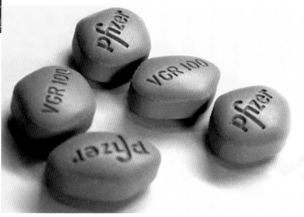

为什么一颗小小的蓝色药片能够不断推动美国辉瑞公司蓬勃发展，使其成为强大的最具竞争力的跨国医药公司？2011年销售收入674亿美元，成为全球最大药品制造商之一。

高者为山 低者为坝 平者为水 互为依存 不断转化

中国人民为推翻三座大山而进行艰苦卓绝的斗争

是什么推动社会的发展和人类的进步？是人类对美的追求，是人类梦想、理想、愿景和希望的不断涌现和实现。

古人类为追求不被异类侵袭而创造了洞穴、房子；为追求不是饱一顿饿一顿而创造了种植水稻、圈养牛羊。如今人们为追求上到九天揽月，下到五洋捉鳖，于是创造了卫星、航天飞船、潜水艇；人们想拥有千里眼、顺风耳，所以创造了望远镜、移动卫星电话。在人类社会发展的历程中，人们为享受"美"的感觉，不断地去发现美、创造美，把对美的追求发挥到了极致，追求方便、快捷，追求健康、长寿，追求被人敬仰、心灵抚慰等等。

美是什么？其实美就是饥饿时的面包，是风雨中的雨伞，是难受时的安慰，是成功时的掌声；美是互相支持的眼神，美是爽，美是舒服，美是受人赞许。所以，满足人之食欲、性情、荣誉就是美。

美又源于什么？美源于人对生存和发展的欲望。如吃饱、吃好、住好、玩好，有强健的体魄，强劲的生命力，受人敬仰等，从根源上讲，是源于人之本，人之欲。正是因为人类有了对美的追求的欲望，所以人类才能不断地进步。

既然说满足人类需求的是美（特定时空下的需求），那么什么是最美的东西呢？或者说，什么才是人的终极需求呢？

首先，美是源于人对生存的欲望，饥饿时渴望吃饱，寒冷时渴望穿暖，孤单时渴望有伴侣，人们渴望存活，渴望长寿。这是因为人需要安全感，需要安全、有保障地活着。所以，安全感是人的第一需求，满足安全感才是美的基础。

其次，美是源于人对发展的欲望。如果人在获得安全感的需求之后而停滞不前了，假如人们可以不再需要劳动，就能满足基本生存需求，吃饱穿暖，有栖身之地，而别无它求的话，那等于与宠物无异。那人就成了生产粪便的机器，而且终将因没有竞争、没有压力而导致机能退化。人类社会之所以能不断地发展，是因为人类在满足了基本的安全和生存的需要之后，开始追求更高境界的美了。

商人追求创造价值产品并能财源滚滚；官员追求为百姓服务并能封侯拜相、衣锦还乡；士子追求金榜题名、光宗耀祖；医生追求悬壶济世、救死扶伤。孤单的时候需要伴侣，不只是一起生活那么简单，还渴望被异性认可自己的力量。这种种现象表明，人的第一需求安全感获得满足之后，为了更舒适而不断追求和获得成就感，而这成就感就是人的终极需求。

当然，道家有言，无所为而无所不为，有的人表面上未感知其终极需求为安全感和成就感，实则他已达到了无我的境界，已经获得了超出常人的安全感和成就感，对此本书不作具体论述。

安全感是人的第一需求，而成就感是最终需求。安全感是基础，而成就感是人生的终极亮点。那么，从生活的哲学角度来讲，人又如何获得成就感呢？

（五）人生如何实现成就感

从社会学的角度来讲，安全感来自于找到了靠山（内在的靠山和外在的靠山）。在原始社会里，一个人如果找到了强壮威猛的同类做靠山或者自己变得强壮灵活，那就获得了生存资源，比如食物、优先交配的权利、受保护的权利，这样才能活得有尊严，被呵护，不受欺负。同时，在他获得充分能量的时候，也会想方设法地去做其他人的靠山，去帮助别人，从而获得尊敬和爱戴，从而获得一种成就感。

在现代社会，我们也在不断地寻找靠山。比如你不会做饭，有人帮你做饭；你不会开车，有

高者为山　低者为坝　平者为水　互为依存　不断转化

人帮你开车；你不会财务，有人帮你理财；你不会技术，有人帮你做研发。由此通过各类资源的整合（各类靠山的支持），你就拥有了特别的能量，可以创造产品，为自己或身边的人服务，你也就成为别人的靠山，获得了其他人的赞许和尊敬，也就获得了成就感。

当你找到靠山时需要有宽广的胸怀，当你得到了靠山的支持而又不努力成为别人靠山的时候，你会发现你不仅失去了靠山，更失去了很多发展的机会。当你通过能量积累而逐渐成为别人靠山的时候，你会发现自己获得了比平时更多的机遇、赞许和尊重，这时的你才是最舒服、最有成就感的，这就是"舍予成舒"的道理。当你把自己看得很低，谦卑地看到别人的的优点和长处，通过自己不断地感悟和学习，不断地吸收别人的优势能量，最终你会变得更加强大。而此时你需要更加谦卑，当他人求助的时候，你能够把自己的能量输送给他人，激发其潜在能量，这样就会获得他人的尊敬和爱戴。这个时候，你会感到舒服和有成就感。

人找到靠山后会产生安全感，成为别人靠山后会获得成就感，这是源于什么呢？其实这就是"势"能的流转导致的。"高者"（即强者）为靠山，会给"低者"以有形和无形的能量，使低者在获得安全感的同时，也促使其逐渐成长起来；当"低者"成长到一定高度后，再给其他"更低者"以有形和无形的能量（此时的"低者"就是"更低者"的靠山了），更低者便会感恩与仰视，将其作为靠山而使其获得成就感。

在人实现安全感和成就感的过程中，所涉及的有形和无形的能量，其实就是高低差别之下的"势"能。以势能为基础，借势、造势、用势、导势、化势等一系列对势能流转的把握与应用的方式方法，可以系统地称之为势能理论。

第三节
造景之势

——道法自然，借势、造势，营造和谐庭园

为了更直观地体现"势"在庭园造景中的应用，我们权将庭园造景中的山、水、树、亭、房、墙作为基本要素，从立体角度来说明势能产生及势能转化的相关知识要点。

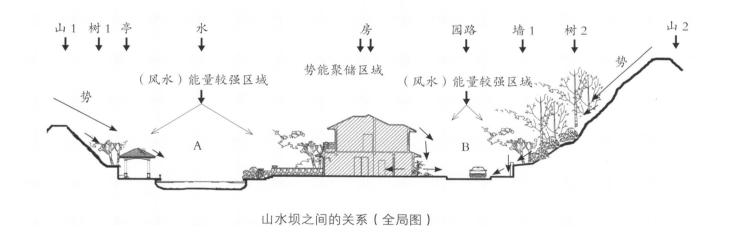

山水坝之间的关系（全局图）

高者为山 低者为坝 平者为水 互为依存 不断转化

（一）从全局看：这其实就是一幅高山瀑布流水图。山2最高，水处A最低，中间的房子作为坝。势能从山2向下流泻，遇到房子（坝），能量就被阻拦下来而积聚在园路B区域。而当园路B区域的能量储存达到一定量时（园路B区域的无形势能的高度超过了房子的高度，或碰到缺口），势能会继续向下（低处）流泻（图中向左）而积聚到最低的水处A区域。山1的势比水处A区域要高，势能从山1流向水处A区域，经亭子和树1的坝之阻拦，能量变得缓和而冲击力不强，势能也最终积聚在水处A区域而不会流失。总体来看，整个庭园空间风水势能较充沛的地方是水处A区域，其次是园路B区域。

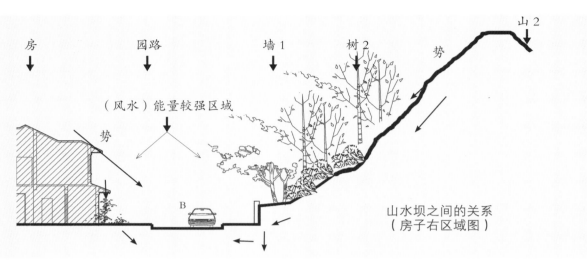

山水坝之间的关系
（房子右区域图）

（二）**从房子右边的区域看**：山 2 最高，势能过强，向下冲击力也会很大，这不利于庭园空间能量的稳定，会使人感觉很压抑，所以在山 2 和园路 B 区域之间的陡坡上种植大树 2 作为坝，来阻挡势能过强的冲击（大树作为阻挡风水势能的坝，本身也有利于树木的苗壮成长，能够吸收更多的养分和能量）。树 2 作为山 2 的坝的同时，其实也成为园路 B 区域的"山"（高者为山），而房子却作为树 2 和园路 B 区域的坝，原先被树 2 阻挡而变得缓和的势能自树 2 处流向园路 B 区域，经房子之坝的阻拦而积聚在园路 B 区域。

从上图的局部来看，山 2 作为山，墙 1 作为坝，园路 B 区域作为水处，风水势能由山 2 向园路 B 区域流泻，而墙 1 略比左边的山体连接处高，这样就能够阻挡住一部分的能量（有形之能是水肥养料，无形之能是风水势能），以使山坡上的树生长得更好（树 2 本身也可以作为坝，用来阻挡住一部分从山 2 往园路 B 流转的无形势能）。

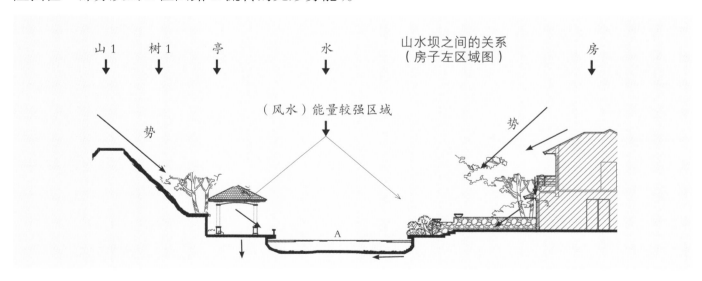

山水坝之间的关系
（房子左区域图）

（三）从房子左边的区域看：房子较高，水处 A 区域最低，房子可以看做是山，而亭子和山 1 可以看成是坝，由房子处产生的势能流向水处 A 区域，经亭子之坝的阻拦，势能也积聚在水处 A 区域了。

从上图的局部来看，山 1 作为山，亭子作为坝，水处 A 区域作为水处，风水势能由山 1 向水处 A 区域流泻，而亭子作为中间的坝就能挡住一些能量，使亭子左边山坡上形成较稳定的能量气场（有形之能是水肥养料，无形之能是风水势能），以使山坡上的树生长得更好（树 1 本身也可以作为坝，用来阻挡住一部分从山 1 往水处 A 流转的无形势能）。

其实，这类案例在生活中也很常见，如下图所示：

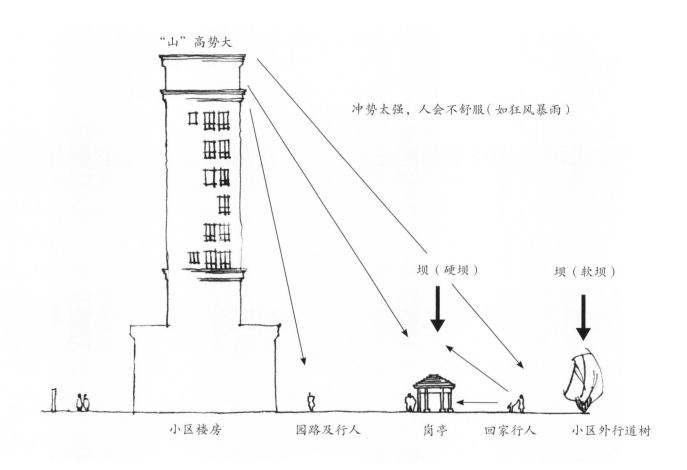

图中楼房太高，势能太大太强，中间没有坝的阻挡，直接作用到下面低处的行人和岗亭，导致园路及岗亭处的能量场很不稳定（有冲击感和压抑感），所以路上的行人会有种说不出来的压抑之感，会很难受。

其应对之法如下：

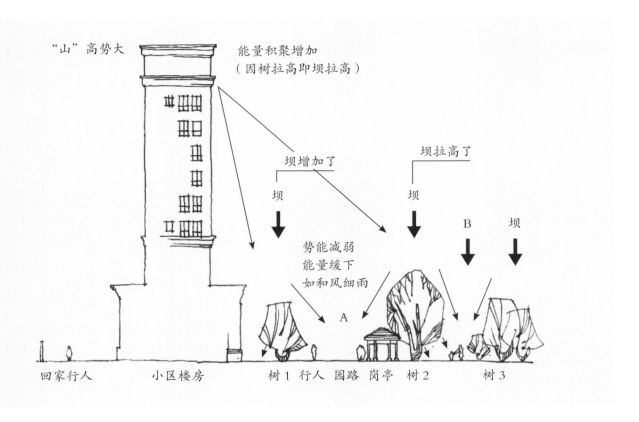

"山"高势大　　　　　　　能量积聚增加
　　　　　　　　　　　　（因树拉高即坝拉高）

坝增加了　　　坝拉高了

坝　　　　　坝　　　B　　坝

势能减弱
能量缓下
如和风细雨

A

回家行人　　　小区楼房　　　树1 行人 园路 岗亭 树2　　　树3

　　在高楼的脚下栽植大树1，作为阻挡高楼自上而下势能的坝，经过树1的阻挡，高楼之势能变缓，再作用到园路上就比较缓和了，不会冲散园路A区域的能量气场。所以，园路A区域的能量就相对稳定和安全了，这样路上的行人会因感觉不到压迫感而觉得舒适。而岗亭右边的区域B也由于树2的阻挡形成了相对稳定和安全的能量区域，所以回家的行人也感觉不到来自高楼的压迫感了（岗亭右边的树2拉高，增强了小区的能量场）。如果无大树之坝挡势，则高楼向下之势能犹如狂风暴雨一般；如有大树作为坝，高楼而下之势能遇坝化之，缓慢而下，则成和风细雨式能量。

　　经此调节，使得区域A和区域B的能量气场较之以前更加稳定和安全了，使得回家的行人感觉到了舒适。这就是势能理论在景观营造中的具体应用，也可以说是调节风水之道。

　　综上所述，在造景中，要想将庭园打造成为积聚能量的风水宝地，就必须处理好山、水、坝三者之间的关系，真正做到巧于筑坝造山，因势利导，顺势而为。

第二章

庭园造景与道法自然

本章主要阐述庭园造景的定义、造景的主要内容以及道法自然的相关知识，论述庭园造景的本质在于道法自然，得借自然之势打造极致庭园景观。

第一节
庭园造景的定义

——庭园造景首先要做到道法自然，然后达到天人合一

　　庭园是指建筑物前后左右或被建筑物包围的场地（建筑物周围的私人领地）。庭园造景就是通过人工手段，利用内外环境条件和构成园林的各种要素，在建筑物周围的私人领地创作业主所需要的景观。本书所讲的庭园造景主要是指私家庭园造景。

　　庭园造景要充分借用周边环境，挖掘业主精神和功能需求，具体分为场地分析、业主需求咨询、设计、施工和维护五个步骤；其主要内容为现场勘察，与业主沟通，规划设计，挖地堆丘，塑造地形，布设亭、台、廊、阁、花架，筑造小品（雕塑、桌椅、摆设品）、水塘鱼池、灯光音响，点缀奇石珍玩，造假山、拓溪流，栽植植物、配置景观，提供庭园养护计划与指导，草花蔬果更换及整体维护等系统服务。

　　从定义上看，庭园造景实质上要把握两个关系：其一是庭园与环境的关系（利用环境条件和构成园林的各种要素）；其二是庭园与人的关系（创作业主所需要的景观）。通过人工手段，使这两种关系得到最大的协调，就是庭园造景的核心所在。

　　前文我们已经讲到，人的终极需求是获得安全感和成就感，所以，庭园造景要使业主感受到安全和有成就，这是庭园和人的关系，即庭园造景的人文性；而庭园与环境的关系则为庭园造景的自然科学性，即我们所说的道法自然。在庭园造景中，就两者关系而言，自然科学性是基础，人文性是目的。也就是说，庭园造景首先要做到道法自然，然后达到天人合一。

布设亭台，挖地成湖

营造假山，山水相依

高者为山 低者为坝 平者为水 互为依存 不断转化

筑造小品，点缀空间

搭配景观，寓情于景

第二节
道法自然的本质

——人法地，地法天，天法道，道法自然

　　20世纪初，爱迪生发明了灯泡，莱特兄弟发明了飞机，如今，人类又发明了太空飞船。这些创造发明背后的本质是什么呢？爱迪生尝试了几千次，最终发现用碳丝做灯泡材料比较好。其实碳丝在一定条件下能发光是客观事实，是本身就存在的规律，只是这一规律被爱迪生成功发现了。飞机及太空飞船的发明也是如此，只是人们发现了飞机飞行的规律而已。这种规律本身就客观存在，不以人的意志为转移，既不能创造，也不能消灭，它是事物之间内在的必然联系。所以，与其说人类发明了灯泡、飞机，倒不如确切地说人类找到了灯泡、飞机、太空飞船及其事物之间内在的必然联系，即规律也。就像地球、月球在太空中不停地自转、公转，周而复始，这是外力推动的吗？不是，这是规律，它本身就是客观存在的、必然会发生的。

高者为山　低者为坝　平者为水　互为依存　不断转化

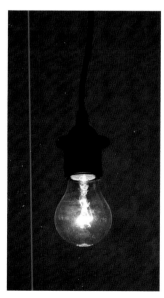

《老子》中有云"人法地、地法天、天法道、道法自然",阐明万事万物都受着其自身规律的支配。道者,自然也,即事物最本质的规律与法则。道者,顺之昌、逆之亡,也就是说,道是对自然欲求的顺应和感知。任何事物都有一种天然的自然欲求,谁顺应了这种自然欲求就能与外界和谐相处,获得发展;谁违背了这种自然欲求,就会同外界产生抵触,导致衰败。

三国时,王弼对"道法自然"的注释为:"法,谓法则也。人不违地,乃得全安,法地也。地不违天,乃得全载,法天也。天不违道,乃得全覆,法道也。道不违自然,乃得其性,法自然也。法自然者,在方而法方,在圆而法圆,于自然无所违也。自然者,无称之言,穷极之辞也……道法自然,天故资焉。天法于道,地故则焉。地法于天,人故象焉。"所以,道法自然的核心在于相对和谐,使人与物都能在运动和变化中相对和谐,使思想与行为统一于本质的自然欲求之中。如此方可得天地之法,取造化之精粹,昌华万物。

就自然本身而言,它也是和谐的。山川湖泊、日月星辰,在亿万年的时光中达到一种动态的平衡与和谐,所以才诞生了我们赖以生存的地球。在大自然中,生物存在食物链(犹如储能—释能—储能,也犹如收获—给予—收获),这是一种和谐;人的生老病死,也是一种和谐(动态的和谐)。

所以,自然本身所体现的"道",其实就是互相干扰,但仍保持相对的"和谐"。从古至今所说的"道法自然",简而言之,其本质就是一种使物与物、人与物、人与人之间达到相对和谐关系的方法论。

道法自然在庭园造景中所体现的内涵在于充分利用环境条件和构成园林的各种要素,使庭园造景达到变化中统一、运动中和谐。所以,我们得出结论:庭园造景的人文性在于满足业主安全感和成就感的终极需求,而自然性则在于体现庭园与环境的相对和谐,两者相辅相成。

第三节
庭园造景与道法自然的关系

——以道御术，模山范山，返璞归真，天人合一

　　从园林范畴上讲，造园是人类按哲学观、文化传统及科学性创造空间的艺术。我国古代强调"天人合一"，人类是自然中的一部分，因此追求返璞归真、向往自然。以"老庄哲学"为开端，模仿自然山水营建园林成为一时风尚，形成了我国古代山水诗画与文人写意山水园林。人们不断地研究自然法则，开创造园技艺，以道御术，极力模仿自然，贯穿了天人合一、顺从自然的哲学观。

　　自南北朝以来，发展了自然山水园林，庭园造景也常以模山范水为基础，以做到"得景随形"、"借景有因"、"有自然之理，得自然之趣"，达到"虽由人作，宛自天开"的境界。

　　庭园作为业主"一片冰心在玉壶"的壶中天地，旨在追求返璞归真、修身养性的人生意境，所以庭园景观的自然性和人文性需兼而有之。人们对于庭园自然美的认识和追求，其内涵就在于能够达到天人合一，与自然相和谐的境界，获得自我修养，完成人性的回归。

　　从道法自然上讲，庭园造景所追求的和谐主要体现在两个方面：物与物的和谐以及人与物的和谐。

　　首先，物与物的和谐主要体现在空间布局（能量布局）上，即将各类造园要素有机组合起来，按照良好的空间布局进行庭园营造，使庭园达到一种和谐之美。比如，植物配置中乔灌木（高中低）的搭配、常绿与落叶的搭配，还有季相、色彩、尺度、线条曲度、距离空间等的搭配布局，都要做到和谐。和谐在一定程度上也即是做到"物以类聚，人与群分"，把相同属性（品性）或有互补属性的事物放在一起（或放在相近的时空内），亦或是在特定的时空中达到能量的流转但又相对稳定。只有和谐了，才有美感。可以说，单一的颜色就视觉而言都是美的，但是把不同的颜色组织在一起产生更好的美感，这就需要一定的技术和水平了。

　　其次，人与物之间的和谐主要体现在人的精神需求上，即物的属性与给人刺激后的显象是否

高者为山 低者为坝 平者为水 互为依存 不断转化

符合人的审美取向。人们审美是为了获得美，前面说到满足安全感和成就感是人之终极需要，也是最美的东西，而庭园事物的属性唤醒人的安全感和成就感的程度，就决定了庭园造景中人与物的和谐程度。

于人而言，安舒正，则可得愉悦之心境，得生活之享乐，得乐业之力量。可见，安全是排在首位的，获取安全感是人之本性，是自然性欲求。庭园造景应将打造安全性作为首要目标，这是顺天得道之举。安全感从何而来？那就需要不断找靠山，不断借自然之势，通过营造手法使势能量得以积聚、储存和流转起来，使庭园空间成为充满势能量的风水宝地，从而让庭园成为业主得以安心休养和生活的靠山，不断修复业主的身心健康，为其储存更多能量。如此，安居则能乐业，业主就能以更加良好的状态投入到工作事业的打拼当中，为社会创造更多的效益（按照我国的现状，高档别墅业主大多是社会精英人才，是有财富、有地位、有事业的，是推动社会发展的中坚力量）。各业主在为社会创造更多效益的同时，也会得到他人的赞许、尊敬和认可，从而达成业主的成就感。

只有这样，做到了道法自然，以道御术，巧借自然之势以成造景至境，才能使业主安居其中，享受天伦之乐，才能得到生活和事业、物质和精神的双重享受，实现业主行为与积极思想的统一（即"道"），达成成就感和满足感。

第三章

庭园造景理论及相互关系

　　本章从庭园造景本源问题着手，阐述现代私家庭园造景理论研究体系中最本源的四大理论——唤醒理论、安全理论、瀑布理论、肠道理论。通过本章论述，阐明庭园造景的本质意义在于能够达到唤醒之目的，即无论用怎样的设计方式、怎样的施工材料及施工手段，庭园造景最终是要解决如何唤醒业主美好情感这个本质问题。

为什么和尚需在清静的佛堂内打坐诵经？

为什么对同一事物，不同的人有不同的看法？比如狼，绝大多数人认为它是凶狠、邪恶的化身，对其深恶痛绝；而有的人却将它视为图腾，是自己部落的保护神。

第一节
唤醒理论

——人的情绪和感受不断地被外在的环境所影响

前段时间，在《钱江晚报》上看到一篇题为《他们的故事，是强大的正能量》的报道，其中一段讲述的是一位丈夫坚持 500 多天，用琴声唤醒植物人妻子的故事。2010 年 12 月 26 日，顾炳荣的妻子张信珍由于车祸而成了植物人，顾炳荣悉心照料，每天给妻子喂饭、按摩、排痰、清理大小便，并且每天给妻子拉二胡（因为在恋爱时张信珍很喜欢听顾炳荣拉二胡），每天两次，每次半小时。就是在这样一份为爱执着的坚持下，妻子张信珍终于被唤醒了意识。

这个故事说明了什么呢？

大自然多姿多彩，人的情感同样千变万化。很多时候人情感的流露是被外界环境所诱发生成的。

为什么要把厨房、餐厅装饰成以米黄色为基调的空间？

为什么新房颜色一般都装饰为粉红色？

为什么西式婚礼上新娘一般穿白色婚纱？

为什么人在听到优美的歌曲时会心动不已，而听到伤感旋律时却会跟着伤心难过？

为什么歌曲《黑色星期天》会酿成歌迷自杀的惨剧？

为什么人读书写作时喜欢在安静的场所？

为什么"望梅"可以"止渴"？

为什么有的人在天气晴朗时心情很好，而阴雨连绵时却郁闷烦躁？

为什么人会"一朝被蛇咬，十年怕井绳"？

为什么会"良言一句三冬暖，恶语伤人六月寒"？

为什么……

其实，这些都可以用"唤醒理论"来解释。

人都不是封闭的。生活在这个世界上，我们总是在接触着不同的人，不断变换和适应着不同的环境，人的情绪和感受也在不断地被外在的环境所影响，或喜悦、或悲伤、或幸福、或恐惧。甚至有的时候我们处在一个特定的空间里，会无缘无故地产生某种感触，引起心理的波动，这个其实也是很正常的，因为人的潜意识空间里还有很多现代科学尚无法接触到的领域，故而不能解释原因。笼统地说，这其实是外在环境和事物通过某种联系作用在人身上，从而刺激到人的潜意识，人才会产生各种感触。如果所刺激出来的是积极因素，人就会愉悦；如果所刺激出来的是消极因素，人就会难受不舒服。而这种使人的情绪和感受得以觉醒的刺激作用，我们称之为唤醒，而从这个基础上引申出来的一套理论，称之为唤醒理论。

外在的环境是通过什么样的方式来唤醒人的情感的呢？人自身存在一种无形的能量场，外在环境能量（正能量和负能量）通过刺激人的潜意识能量场，才使我们产生感触，唤醒人的情感（积极的和消极的）。这种刺激需要一种媒介（接收器），即人的感官。通过归纳与总结，我们得知是从视觉、听觉、嗅觉、触觉、意觉（即超感觉、潜意识感觉）等五方面来影响人的情绪和感受，即当外在能量通过人体五觉（接收器）进入人的潜意识后，经过与人体无形能量的碰撞而产生显像。这种显像一般情况下是：外在环境能量为负能量时，人体显像（情绪和感知）也为负能量（消极）；外在环境能量为正能量时，人体显像（情绪和感知）也为正能量（积极）。当然，我们不排除有的人自身修养很好，可以很好地控制情绪，通过自身涵养的激发，使负能量在潜意识中得到转化，成为正能量，这就是所谓的高人。

我们来看下面的示意图：

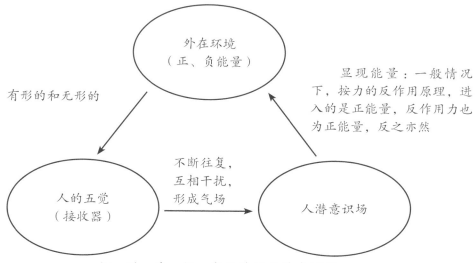

有形的和无形的

显现能量：一般情况下，按力的反作用原理，进入的是正能量，反作用力也为正能量，反之亦然

不断往复，互相干扰，形成气场

视、听、嗅、触、意五觉接收外在环境能量（有意和无意之分），然后刺激潜意识场，经过潜意识场的储能、化能，最后能量得以显现（反映为人的喜怒哀乐等情绪波动），此为化能之道

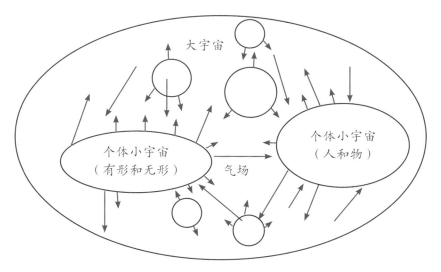

备注：大宇宙为外在环境，小宇宙为个体（人与物）能量场，它们之间相互作用、相互碰撞而产生能量，即为气场

生活中，只要我们善于观察和思考，就会发现唤醒理论的体现是随处可见的。

高者为山 低者为坝 平者为水 互为依存 不断转化

回（一）视觉唤醒

上帝给了我们一双眼睛去发现、去观察，而通过这双"心灵的窗户"，我们很直观地获得大量的信息，山川大地、明月楼台，都会以不同的方式显现在眼前，此即为显像，并通过视觉能唤醒人们不一样的情感。

下图为医院病房的照片。通过观察，我们发现病房是以白色和浅蓝色等比较淡雅的颜色为主体的，这是什么缘故呢？

色彩淡雅的病房

原来医院的病房以及医务人员衣着，以白色为主色调是有其深层原因的。从色彩心理学的角度来讲，以白色为代表的"冷色调"环境能引起一种平抑情绪、使人镇静的心理效应，这对病人是有利的。另外，对医护人员也有保持冷静、集中注意力的心理效果。反之，五彩斑斓的浓烈的色彩环境会使人兴奋、烦躁，不利于病人的康复。换句话说，就是医院通过营造一个以白色为主的"冷色调"环境，是要通过人的视觉感官来唤醒病人情绪平稳、内心镇静的心理，以及唤醒医务人员冷静、注意力集中的心态。

下图为广阔无垠的大海，当你在工作之余，告别了闹市，远离了喧嚣，来到了这么一处海天交接之所，你又会感觉到什么？

海天交接的宽广

踏足红尘，本让俗物障心；碌碌功名，原是浮云易眼。当见识了海纳百川的大容之后，人会感觉到宁静和宽广。这就是说，大海的深邃及广阔，通过视觉感观，能唤醒人的宁静、淡然和胸怀宽广等感受。

下图为一株枯荣与共的树，通过观察，又能发现什么？

通过观察可知，干枯的树根和绿色的新叶形成强烈的视觉对比，会唤醒人对于生命的敬畏之感，从而会有深层次的理解和感悟：岁月枯荣，繁华与萧瑟在不经意间流转，生命的起落沉浮本无常势，衰败之极便为生之转机，芸芸众生又何须执念困惑得心之不安。须知，生命

枯荣与共

的伟岸与从容是不可穷尽的，衰败只是一时，而蓬勃生机却是永恒的。

下图为一棵造型松，为迎客姿势，假如你是业主，当你走进自家庭园时，看到这么一棵迎客松，你会有什么样的感觉？

迎客式造型松——视觉唤醒之庭园应用

高者为山 低者为坝 平者为水 互为依存 不断转化

事业的奔波劳苦，总是让人疲惫不堪，当褪去铅华，回到安居的家中庭园，入眼处便见迎客式树木，既像是一位相识多年的好友，又像是一位贴心的家仆，抑或像是相伴多年的家人，展开双臂迎接你的归来，这是何等的惬意和温馨啊！这就是视觉唤醒，通过看到造型松的迎客式姿态，唤醒业主被尊重的感觉。当人尚未达到一定的境界时，工作、竞争中对待他人会有很多刻意的恭维、违心的尊重，不是发自内心的。这个时候就需要得到一种心理的平衡，一种真正的被尊重，而迎客松却在不经意间做到了这一点，故而能让人舒心愉悦。这也说明被尊重即被"拥"也是人的天性需求。

黄山迎客松可谓美名远扬，四海宾客对之赞不绝口，原因是什么呢？

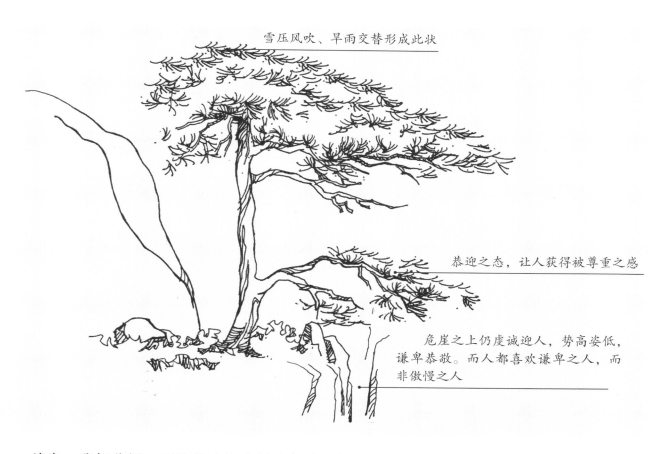

雪压风吹、旱雨交替形成此状

恭迎之态，让人获得被尊重之感

危崖之上仍虔诚迎人，势高姿低，谦卑恭敬。而人都喜欢谦卑之人，而非傲慢之人

高者为山 低者为坝 平者为水 互为依存 不断转化

首先，我们分析一下为什么迎客松会长成这样的形态？这是因为它生长在崖缝间，植物天然的向光性，促使其为了获得更多的阳光雨露，获得生命空间，而拼命地往悬崖外侧生长，所以就形成了倾斜迎客之势。树冠圆滑工整，犹如修剪过一般，原因有三：一是风向原因；二是雪压导致；三是其生长环境恶劣。根部为岩石，天气旱雨交替，旱时树枝停止生长，顶芽枯萎，一遇下雨则侧芽继续生长，经年累月，枝少直生而多侧生，造就其圆滑工整之状。

迎客松只是一棵树，为何成为独特一景而受到天下人的喜爱？一是因为它不仅能在恶劣的自然环境中生存下来，而且还造就了不凡之姿，其坚韧品性感动、鼓舞了人们，能够唤醒人们一种战胜困难的雄心壮志；二是因为它居于高崖之上，其势高绝，但它不以势压人，反而展现出伸手迎人之造型，其谦逊之胸怀，诚挚之内心，让人感觉到了被尊重，唤醒了人们潜意识中迫切需要满足的成就感，所以大家才会对其敬爱有加。

从黄山迎客松身上，我们可以得到很多启示：

1. 人们乐意被树木欢迎，说明了人需要被尊重的心理极强，也说明了人的精神态势需要被外界接纳。人们都称颂迎客松之美，其实也是表达了一种心理——被外界尊重和包容是一件多么令人愉快和具有成就感的事情。

2．越是逆境，人越要坚韧不拔，意志坚定，这样才能得到别人的敬仰和尊重。

3．谦逊是一种美德，而尊重是互相的，被尊重的欲望是人的天性。

形之势，色之势。在庭园造景中，要让树的姿态及种植角度产生恭敬感，例如让漫山红叶激发人的热情感。

英格兰威尔特祠庙

红枫飘逸——亲切感

集贤亭古朴，唤醒人追思前贤之感

鲜花娇嫩，唤起人呵护之情

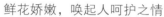

庭园的形色之势，唤醒人闲适之情

高者为山　低者为坝　平者为水　互为依存　不断转化

回（二）听觉唤醒

　　我们这个世界是充满声音的，声音是有力量的，能够唤醒情感。追溯到远古，动物异性之吸引，首先便是来源于声音（比如威武的吼叫声、婉转而有旋律的呢喃声都能够吸引异性），其次是体魄，最后是智慧。

　　生活中，有高山流水、泉水叮咚；声乐鼓响、余音绕梁；有让人欢欣愉悦的燕语莺声、丝竹琴音；亦有让人心烦难受的寒蝉凄切、群雌粥粥。凡此种种，都是通过听觉来唤醒人们的情感，这就是所谓的听觉唤醒。

鸟儿欢叫

泉水叮咚

在我国古典园林中，听觉唤醒也时有体现，苏州拙政园里的听雨轩，便有一种婉约的写意。听雨轩前清水一泓，池内夏荷摇曳，几多风韵，轩后芭蕉翠竹，葱茏一片。静坐轩中，听雨打芭蕉，观雨落荷叶，确实清雅不已。林黛玉曾说：我不喜欢李义山的诗，但喜他这一句"留得残荷听雨声"。看来，雨落残荷不仅撩动了此女子的善感，更无意中悲悯着她隐忍又纠结的前世今生。

听雨轩

很多人都喜欢听音乐，不同的歌曲会带给人不一样的心情和感受，我们可以从中体会到快乐、激情、甜蜜，也能体会到伤感、苦涩、纠结等。

很多人一定都还记得那首全球禁播歌曲《黑色星期天》，歌曲所传达的悲伤、绝望的情感与一些听者产生共鸣，最后引起少数人因情绪低落而自杀，这说明了什么呢？大家又是否还记得那首《甜蜜蜜》？那委婉的旋律，通俗美好的歌词，再加上邓丽君那甜润的歌喉，在社会上引起了不小轰动。很多人都体会到了歌声里面传达的甜蜜美好以及对爱情的企盼，直到现在，此歌曲还在我国乐坛上占有一席之地，每每被人谈起唱起，大家依旧感到幸福如初，这又说明了什么？

高者为山 低者为坝 平者为水 互为依存 不断转化

邓丽君

情歌与恋爱

《黑色星期天》歌词

秋天到了

树叶也落下

世上的爱情都死了

风正哭着悲伤的眼泪

我的心不再盼望一个新的春天

我的泪和我的悲伤都是没意义的

人都是无心、贪心和邪恶的

爱都死去了

街上到处都是死人

我会再祷告一次

人们都是罪人

上帝啊

人们都会有错的

世界已经终结了

世界已经快要终结了

希望已经毫无意义

城市正被铲平

炮弹碎片制造出音乐

草都被人类的血染红

花朵凋零（负能量）

《甜蜜蜜》歌词

甜蜜蜜，你笑得甜蜜蜜

好像花儿开在春风里

开在春风里

在哪里，在哪里见过你

你的笑容这样熟悉

我一时想不起

啊～～在梦里

梦里梦里见过你

甜蜜笑得多甜蜜

是你～是你～梦见的就是你

在哪里，在哪里见过你

你的笑容这样熟悉

我一时想不起

啊～～在梦里

上述两首歌曲说明了两点：①音乐通过人的听觉，能够唤醒人们很多的情感，让人们产生不同的感受。②人们更加乐意去接受那些传达积极的、欢快的事物，而不太愿意接纳使人消极的、压抑的、难受的东西，也就是说，人们会趋向于选择美好（当然，消极时听消极的歌曲也是一种发泄，但过度了就会引发悲剧）。

有时候，听觉唤醒还有更强大的力量，通过听觉能够唤醒人的生命力。如一个人重伤昏迷后，亲人、朋友常常会在其耳畔诉说一些美好的、充满鼓励的话语，让其精神振作，重新焕发起对生命的渴望。例如爬雪山时，

花朵繁盛（正能量）

人由于太疲劳而倒下了，这时候救他的最直接办法就是先唤醒他（比如说其父母妻儿在家等他，其还有什么未完成之理想等），别让他睡下去，要让其保持清醒，一旦睡着了，则其生命也可能快完结了。

美观的花园（传达正能量，让人心情舒畅）

荒凉的花园（传达负能量，让人心绪混乱）

高者为山 低者为坝 平者为水 互为依存 不断转化

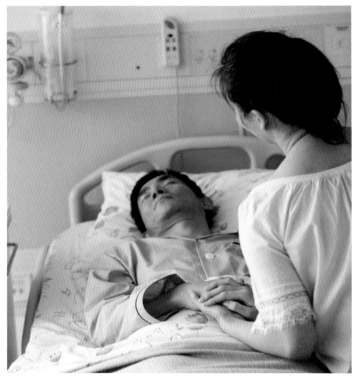
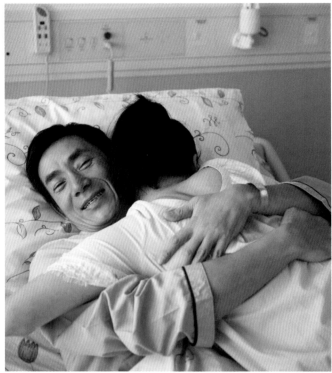

唤醒生命

　　在庭园造景中，植物的高低错落、开合、设计格调的统一性就是音乐中音律的应用，其主旋律就是某一元素在造景中的重复应用，地形、植物的高低就是音乐的音度高低，庭园的亮点就是音乐的高潮。

植物高低、开合即为音律

核心的景观即为亮点
（犹如音乐高潮）

丝竹琴音，唤醒淡泊雅致之情

高者为山 低者为坝 平者为水 互为依存 不断转化

庭园音响设备

水松柏式喷泉

跳　泉

庭园鸟鸣

庭园雕塑式喷泉

◎（三）嗅觉唤醒

　　大自然也是充满气味的，有醉人心脾的芬芳花香，也有让人倒胃反感的恶臭熏天。泥土有泥土的气息，大海有大海的气息，就连人本身，也都存在不一样的气息。这些不同的气味通过人的嗅觉感官，同样也会唤醒人不一样的感受，我们称之为嗅觉唤醒。

　　在 1992 年美国上映的电影《闻香识女人》中，主人公史法兰中校因战争而失明了，他整天在家里无所事事，失去了生活下去的勇气和信心。通过朋友查理的鼓舞，他慢慢发现长期的失明生活让他的听觉和嗅觉异常敏感，甚至能靠闻女人香水味道识别其身高、发色乃至眼睛的颜色。这个特殊的能力也让他重新鼓起了生活的勇气，开始与人接触，慢慢地从失明的阴影中走出来，重获新生。其实这个就是嗅觉唤醒。史法兰中校通过嗅觉感官来接触并了解生活，从而唤醒了对生活的深刻感悟以及继续活下去的勇气和力量。

花香醉人，陶醉其中

　　在现实生活中，嗅觉唤醒的例子也是俯拾皆是。例如一道香味满溢的佳肴，会让我们食欲大增；一捧香气扑鼻的鲜花，会让我们精神愉悦、充满甜蜜；甚至于一口新鲜清新的空气，也会让我们舒畅无比；但恶臭熏天、异味扑鼻却会让人恶心不已，难受至极。恋人们在一起时闻到对方的体味气息，会感到异常幸福和甜蜜，但分手后有时不经意地感受到了对方的气息，又会充满失落和伤感以至于怀念不已。

　　现代社会，越来越多的人习惯使用香水，在不同的场合，总喜欢喷上浓淡相宜的香水以增添自信心和个人魅力。一款钟爱的香水会成为个性的标志，能体现一个人的生活品位，同时，喷香水也成为现代社会的一种社交礼仪，传达着礼貌和内涵。

　　香水是大自然的精髓，从自然界的花草中提取而来，它微小的芳香分子通过嗅觉感官能起到

高者为山　低者为坝　平者为水　互为依存　不断转化

舒缓神经、安抚情绪、抚平心灵的神奇作用。不同种类的香水，对于人的心理影响也是不一样的：玫瑰、茉莉、紫檀木、橙花、肉桂等作为香料的香水可调节人的情绪，促进脑内吗啡的分泌，增加抵抗力，使恋爱中的人们不易伤风感冒；鼠尾草、洋甘菊、天竺葵等为香料的香水能够松弛神经、舒解压力，可使人身心倍感轻松舒畅；紫檀木、薄荷为香料的香水能够安抚激动情绪，保持平和心态；麝香、香茅等为香料的香水能够起到抵抗抑郁、愉悦心情的妙用；迷迭香、薄荷、尤加利等为香料的香水能够起到集中注意力的作用；百里香、橙花、薰衣草等为香料的香水能够起到治疗失眠的作用。

凡此种种，都能证明嗅觉唤醒的存在，说明人们是有趋向于唤醒美好之心理的。

香气袭人，撩人心魄

在庭园造景中，腊梅、含笑、桂花、薰衣草等的种植都在一定程度上达到了嗅觉唤醒之目的，或清雅或浓郁的花香能够让人觉得心情舒畅。

在现代社会，甚至还出现了花香医院。10多年前，苏联巴库地区建成了世界上第一座香花医院。疗养方法是让病人吸入一定剂量的植物花香，同时配合其它疗法。现在，美国、英国、法国都有"香花医院"。在这些医院里，医生让患有神经衰弱、高血压、哮喘、白喉、痢疾的病人一边欣赏悦耳的乐曲，一边闻扑鼻的花香，结果取得了很好的治疗效果。日本加岛公司为了提

花香用于治疗

高员工的工作效率，用管道将含有花果香气的空气输送到工作间，使员工精神振奋、头脑清醒。凡此种种，都是嗅觉唤醒的典型应用。

庭园插花

◙（四）触觉唤醒

触觉唤醒是指人的身体通过实际接触外部事物或环境，而产生某种感觉和触动。触觉唤醒在生活中最常见的例子就是冷热感知，炎热的天气使人烦躁难受，寒冷的环境同样让人坐立不安、情绪不定。只有适宜的气温环境才会让人感到舒适，才能以更好的状态投入到工作、生活之中。

朋友间的握手搭肩，可以很好地表达尊重与友好；

真诚与互信

高者为山 低者为坝 平者为水 互为依存 不断转化

爱人间的牵手、亲吻，通过身体的接触，可以表达亲密、善意、温柔与体贴之情，是启迪人们心灵的一个窗口，能够唤醒恋人对爱的追求和彼此的依赖之感。

古旧的老石板给人以厚实感，卵石园路及卵石砌墙，质感鲜明，人一碰触到便会产生强烈的触觉感受，能够唤醒人的体验感。斑驳褶皱的树干树皮，也能够通过触觉以唤醒人的沧桑感。

水边亲吻，浪漫温馨

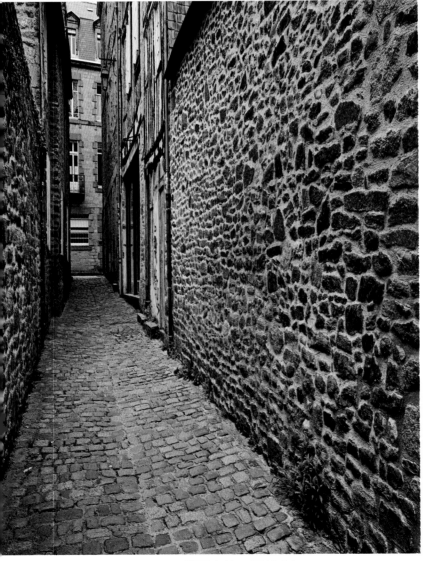

卵石砌墙，天然亲切

石质踏步，粗犷厚实

具有鲜明质感对比的园林素材

苍虬的树干，古朴有劲

触觉唤醒还有着更深刻的内涵。有这么一个例子，讲的是：

在战争时期，有一个年轻士兵受伤了，生命危在旦夕，而部队又有任务要执行，所以就把伤兵放在一村子里。

村上有个寡妇见伤兵还有气息，就把他背回家里试着救助。到了家里，寡妇为这个年轻的伤兵清洗、包扎伤口，发现他的眼神已经分散暗淡了，估计生命快要终结了。天很冷，寡妇不甘心，就将伤兵放在床上，然后握着年轻伤兵的手，将其放在自己的胸口上。忽然间，伤兵的眼神亮了一下，寡妇觉得伤兵还有救，就更加悉心地照料，调理数月，年轻伤兵的伤势也渐渐好转，最后得以康复。

从这个例子中，我们可以看到什么？那就是触觉唤醒。伤兵通过手的触觉，触到了寡妇的乳房及心跳，唤醒了他的求生欲望，有了和死神相抗争的斗志，他想活下来，所以他才能转危为安。

高者为山 低者为坝 平者为水 互为依存 不断转化

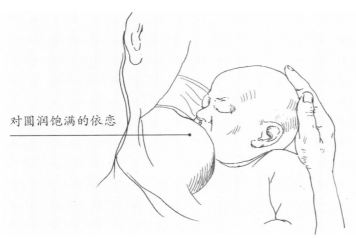

对圆润饱满的依恋

其实，更深层次的原因在于人对于乳房有先天的依赖感，乳房能够唤醒人很多美好感，这是与生俱来的天性。我们从出生开始，就受到母亲的乳育，贪恋母亲的乳汁及怀抱，所以，乳房对于人来说存在着天生的魔力，让人依赖。

所以，在士兵重伤弥留之际，突然地感触到了先天的美好感，获得了依赖和满足，唤醒了对生命美好的眷恋，刺激了他的求生欲望。

其实乳房唤醒的理念也常应用到庭园造景的地形营造上，造景时把地势的起伏坡度营造成犹如母亲之乳房丰满圆润。这能够唤醒业主的温馨感、成就感、依赖感，因为这是人先天就存在的审美意觉。

高尔夫球场的设计也表达了此种理念。起伏饱满的地形，犹如母亲圆润的乳房，给人以先天性的美好感和依恋。

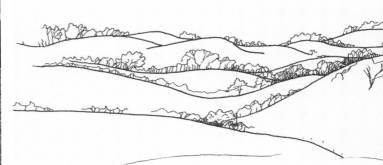

起伏饱满的地形，犹如母亲圆润的乳房，给人以先天性的美好感和依恋

锦鲤戏水——可以唤醒童年捉鱼摸虾的乐趣

大卵石路面行走体会浑厚踏实

秋千——可以唤醒人碰触体验的欲望

高者为山 低者为坝 平者为水 互为依存 不断转化

（五）意觉唤醒

意觉唤醒比较抽象，它是指通过一项事物让人领会到其中的内涵、境界和情调，从而唤醒人的某些感受和情绪，唤醒人生当中某一片刻的场景感受而引发思索。意觉唤醒分为先天性的唤醒和后天性的唤醒两种。

意觉唤醒和视觉唤醒有很多相同之处，但最根本的区别在于，视觉唤醒是直观的，而意觉唤醒则是抽象的、深层次的。比如一幅画，视觉唤醒的是这幅画美不美、漂不漂亮，人看了愉不愉悦，而意觉唤醒的是对这幅画意境的思考，从而引起人更深层次的情感表现。意境唤醒在文学艺术作品的层面表现较多。

　　沈园，浙江绍兴古城中一座别有风味的园子，经历岁月沧桑，至今仍得以流芳。察其因，便是源于诗人陆放翁的不渝情志。一则千年不老的故事，一首催人泪下的《钗头凤》，给了这座园子太多的情怀逸致、太多的意境悠然、太多的莫名感慨。沈园之景，美不如拙政园，精不如留园，却依然能够伫立千古，胜在意境也。有了诗人陆放翁的一怀愁绪、锦书难托，有了唐婉的独倚斜栏、咽泪装欢。重游此地，又有谁敢笑陆游唐婉痴愚，又有谁敢说沈园不美？那一方镌刻着见证人间真情的钗头凤碑刻，不知唤醒了今人多少的爱恨愁绪，让人铭记：当知轮回，爱为恨本，是故能令，生死相续啊！

沈园《钗头凤》碑刻

附：陆游所作《钗头凤》原文

红酥手，黄藤酒，满城春色宫墙柳。东风恶，欢情薄，一怀愁绪，几年离索。错，错，错！

春如旧，人空瘦，泪痕红浥鲛绡透。桃花落，闲池阁，山盟虽在，锦书难托。莫，莫，莫！

其心爱之人唐婉所作和词

世情薄，人情恶，雨送黄昏花易落。晓风乾，泪痕残，欲笺心事，独倚斜栏。难，难，难！

人成各，今非昨，病魂常似秋千索。角声寒，夜阑珊，怕人寻问，咽泪装欢。瞒，瞒，瞒！

沈园

陆游雕塑像

中国山水画

左图为中国山水画，"竖划三寸，当千仞之高，横累数尺，体百里之迥"。通过观察和思考，在形似与神似之间能领悟到画中的意境，从而唤醒人对于自然的敬畏、对于祖国山河的热爱以及人们祈望达到人与自然和谐统一的情感。

我们都知道中华民族很早就有了点画腾挪、情萦意绕的"纸上舞蹈"——书法。书法并不是单单的写字，它所体现的自然精神、主体精神和创新精神都是值得推敲的。王羲之的书法特点是平和自然，笔势委婉含蓄，遒美健秀，飘若游云，矫如惊龙，通过观察和深层次的思考，能唤醒人清风出袖、明月入怀的平和心态以及随顺自然、委运任化的心灵情感；颜真卿的书法端庄宽舒，刚健雄强，大气磅礴，能唤醒世人对于凛然正气的人生追求；而郑板桥的"六分半书"，不衫不履，天性自然，能唤醒人对于心灵真率与洒脱的向往。凡此种种，都是通过对意境的感知来唤醒人的情绪和感受。

高者为山 低者为坝 平者为水 互为依存 不断转化

王羲之书法《兰亭集序》，委婉含蓄，遒美健秀

颜真卿《自书告身帖》，刚健强雄，大气磅礴

郑板桥"六分半书"《难得糊涂》，洒脱率真，天性自然

草书的笔断意连，龙飞凤舞，气势恢宏

石刻

草坪的笔断意连（书法在庭园中的应用）

高者为山 低者为坝 平者为水 互为依存 不断转化

意觉唤醒的例子在生活中也不少见，比如看一本书、读一首诗、观一幅画、窗前看云、亭外听雨，或许都会在偶然间窥得禅意，悟明道法，从而唤醒某种情感。

蒙娜丽莎的微笑

罗丹思想者雕塑

有人说，女人最吸引男人的两种气质就是优雅和性感。就性感而言，西方国家大多充满赤裸裸的勾引，显得锋芒毕露而张扬，而中国所谓的性感则是在古典文化熏陶中所形成的暗香浮动、浅尝辄止、欲放还羞的粉色诱惑，显得自然而优雅，而这种优雅衬托下的性感才是最迷人、最妩媚的。

西方女性赤露美，易让人欲望萌生

中国女性含蓄美，易让人浮想联翩

在中国古典园林中，造园者将很多具有吉祥寓意的事物融入到庭园景观中，借以达到唤醒自己内心所向往美好感的目的。比如庭园铺装中的五只蝙蝠图案（象征五福）、莲花图案（寓意高洁）、双鱼戏莲图案（隐喻子孙绵延）、鹿的图案（通"禄"）、鹤的图案（象征长寿）、蟾蜍图案（象征招财）等。还有，在古典园林中，造园者常在园子里挖设一口井，借以表示"井通池、池通江、江通湖河、湖河通海"，象征家族开枝散叶，长盛不衰。

双鱼戏莲

蟾蜍图案

五只蝙蝠图案

鹤的图案

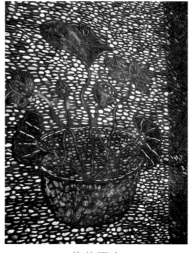

莲花图案

罗马邸宅前"脚踏实地"大石块装饰

高者为山　低者为坝　平者为水　互为依存　不断转化

拙政园——玉泉

月下亭对联：数点雨声风约住
一簇花影月移来

我们每个人所希望的是被唤醒那些美好的、甜蜜的、有积极意义的感觉和情绪，谁都不希望被唤醒那些使人悲伤的、让人恐惧的、惹人苦恼的感受。尤其是在人生活休养的家居空间里，更是希望自己所看到的、听到的、闻到的、触摸到的、感觉到的，都能够令人感到美好，这是业主的基本需要。而其更高层次的追求在于庭园居所空间能够充满积极的能量（正能量），能够在潜移默化中修缮自我，平衡自我，强大自己的能量气场，使自己更有力量，得到更高品质的生活享受。

这个也是天性使然，但是要获得这种境界，就必须不断地去营造和改善外围环境，通过技术与艺术的手法，将庭园打造成为积聚能量的风水宝地。但其方法又是什么呢？

首先，打造安全性是庭园造景的首要目标。利用造景技术将庭园营造成安全空间的中心在于找到靠山。其次，在找到靠山后，应该做好借势，利用势能理论使庭园产生充足的积极的势能量并储存起来。最后，在庭园蓄积充足的积极势能量之后，需要通过合理引导，使能量流转起来，以维持能量场的不断更新。通过这三方面的作用，才能够使庭园成为积聚能量的风水宝地。通过不断地实践探索，我们将这三大方法归纳总结成为三大理论，即安全理论、瀑布（山水坝）理论和肠道理论，其中瀑布（山水坝）理论也可以叫风水势能理论。

第二节
安全理论

为什么在险峻的山道上修栈道都要围上护栏？如果不设护栏会怎么样？这说明了什么？

八卦阵，说明了什么？

高者为山 低者为坝 平者为水 互为依存 不断转化

千百年来步兵难敌骑兵；冷兵器时代的战争，胜负往往并不取决于双方士兵的绝对数量，而是士兵的士气。当一方绝大多数陷入恐惧，失去了继续厮杀的勇气，也就宣告了他们的失败。而人是盲目的，所谓勇气，很多时候是依赖于身边是否有站立的战友，给自己带来依靠感而继续顽强厮杀。可以这样说，只要周围战友战意不倒，战斗士气就不会散。

八卦阵有休、生、伤、杜、景、死、惊、开八门。按照九宫八卦之方位排兵布阵，可使阵中兄弟互为依托（互为靠山），按照事先演练的布局，合力诛杀进阵之敌，不仅能够扭转步兵对骑兵的劣势，而且能够制敌取胜。

大家来思考下，为什么八卦阵能有如此大的效用呢？这又说明了什么问题？

人的安全感同样也受外界环境的影响。

为什么沙发要有靠背？

为什么楼梯走道要有扶手？

为什么阳台上要有栏杆？

为什么湖边要有护栏护链？

为什么人都恐惧疾病、污染，都向往和平、健康和自然？

为什么人要寻找靠山？有了靠山时为什么很多人会有恃无恐？

为什么……

其实，这都可以用安全理论来解释。

亭子的美人靠

沙发

（一）安全理论概述

安全理论是指人们通过接触外界环境，希望得到一种安全感和美好感。人是高等生灵，趋吉避凶是与生俱来的本能，从居住环境到生活工作环境，从物质层面到精神情感，人们无时无刻都在规避危险，逃离苦难，不断地追求安全与美好。其实人都拥有一种先天的被包容意识，那便形成了人性中最初的安全感。在我们还是婴儿时，就已经在体会着母亲给我们的三重保护：子宫的保护、肚皮脊梁骨的保护、母亲潜意识的保护。这三重保护让我们很受用，很依恋被保护的安全的感觉。所以到后来，我们所一直追求的安全感和被包容是一种与生俱来的天性。

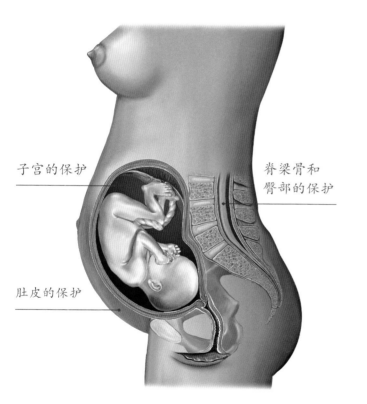

子宫的保护

脊梁骨和
臀部的保护

肚皮的保护

妈妈潜意
识的保护

高者为山　低者为坝　平者为水　互为依存　不断转化

马斯洛需求理论中也有讲到，人在满足最基本的生理需求后，最渴望的就是安全上的需要。安全感实际上也就是一种保障，包括人身安全保障、身体健康保障、资源财产保障、工作职位保障及家庭安全保障等。

自我
实现
需求

尊重需求
（自尊及来自他人的尊敬）

社交需求
（爱，感情，归属感）

安全需求
（人身安全、生活稳定以及免遭痛苦、威胁或疾病等的需求）

生理需求
（生存需求，食物、水、空气和住房等需求）

马斯洛需求理论

　　洞穴是远古人类最原始的房子，人类穴居的原因有以下几点：①为避风寒雨雪等。②为保留火种，所以选择通风、干燥的洞穴安居。③洞穴背有靠山，前有水口（门），可以很好地躲避野兽的袭击，是一个很安全的场所。

　　由此可以看出，穴居在一定意义上说明了人类原始智慧的形成与发展，也说明获取安全感是人类与生俱来的天性。安全感的形成首先来源于居住环境的安全，只有居住空间安全了，人们才有了乐业劳作的基础。

古人居住的洞穴

手绘分析图：

被包容的、安全的场所

居所的第一要求就是安全

安全如此重要，那我们下面就来探讨下"安"字的注释吧。

（二）"安"的字形解释

首先从字形上理解"安"这个字，上面一个"宀"，表示与房子有关系，下面是"女"，表示与女性有关，综合起来的意思就是女人呆在房子里就是安全的。

在原始社会，男女皆无衣遮体的，为了繁殖后代，古人们都是出于本能地去结合，在女性非常不情愿的时候，也随时有可能被强迫和侵犯。古人们后来慢慢发现，在这种女人不自愿、没有安全感的情况下生出来的后代质量不好，会慢慢地导致部族衰落。于是古人们就想到一个办法，那就是建一个棚架，女人可以藏在里面，这样她就得到了一种保护，有了一种安全感，就可以根据自己的意愿喜好选择中意的男人，然后与之结合（现在云南摩梭人的走婚习俗依然沿用母系社会的这一方式）。后来古人们慢慢发现，在女性自愿、充满安全感的情况下

生出来的后代质量较好，有利于部族的强大和兴旺。所以，"安"从字形上就解释为女人呆在房子里就是安全的（即"安"可使能量变强）。

（三）"家"之起源与释义

从上古的记载中可以得知，在远古人类社会是"只知其母，不知其父"的，是以女性为主体的母系社会。后来因男女的生理不同，在女性的生理周期及最重要的孕育时期，由于乏力而无法自谋食物及参与劳动，所以就很自然地需要男性的帮助和照顾。于是男女就结合在一起分工合作，男的狩猎、种植，女的喂养、纺织，后来慢慢形成习惯，逐渐地建立起了男女结合、共同生活的"家"。直到如今，家也还是组成整个社会的基本细胞，是人的避风港湾，而人的美好以及幸福感也都是首先源于家的安全。

衣不蔽体的时代和男女分工的开始

我们经常说到"安居乐业"，意思就是居住环境的安全与稳定对于事业成功的帮助很大。从物质生活的角度看，家其实是给人们提供休息与放松的居住空间，只有家得到了安全的保障，人才可以安心地休息与放松，才能够得到最好的能量修复与重储，才能以更好的状态投入到生活和工作当中去。

"家"从字形上看，上面一个"宀"，下面一个"豕"，可以将其解释为上为人家，下为猪舍。中国古代有"只羡猪生不羡仙"的说法，猪饱食后熟睡，其甜美之享受，不禁让人羡慕不已。其实人之向往莫不与其相似，那就是可以在工作、生活之余，能够放下一切，安心、彻底地进入睡眠状态，让全身心都得到放松与享受，如此而"安居"，从而获得"乐业"之能量。

家的象形字

猪熟睡图

高者为山　低者为坝　平者为水　互为依存　不断转化

（四）深度睡眠与功能修复

人的睡眠也是安全理论的体现，只有对居住环境充满安全感的时候，人才会彻底进入到深度睡眠的状态。黄帝内经上讲到：

子时胆经当令（忌熬夜不睡），丑时肝经当令（忌酒气不散）；

寅时肺经当令（分配能量，应深度睡眠），卯时大肠经当令（宜喝水洗胃，早起锻炼）；

辰时胃经当令（宜进早餐），巳时脾经当令（宜脑力活动）；

午时心经当令（宜进午餐，小睡），未时小肠经当令（宜喝茶、和缓运动）；

申时膀胱经当令（宜多饮水，多动脑），酉时肾经当令（宜补肾，忌房事）；

戌时心包经当令（宜娱乐），亥时三焦经当令（宜准备入睡）。

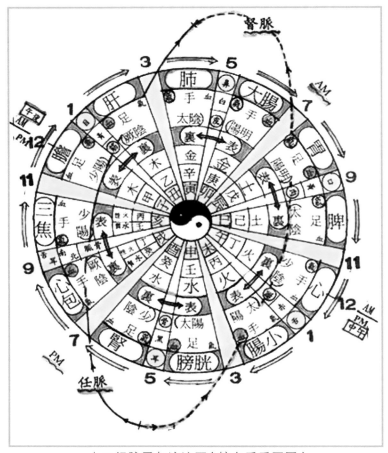

十二经脉子午流注图（摘自爱爱医网）

　　我国中医早就发现，人体12条经脉及其相对应的脏腑，在每天的12个时辰分别值班，主管身体的正常运行。这是自然规律，人要主动配合，顺应天时。只要人天合一，就能最有效地保证身体健康。所以，记住每个经脉及其相对应脏腑的当令时辰，随时顺应天时，对于养生保健十分重要。

　　子时：胆经当令，睡好养胆。丑时：肝经当令，睡好养血。寅时：肺经当令，深睡养肺。卯时：大肠经当令，大便排毒。辰时：胃经当令，补充营养。巳时：脾经当令，注意养脾。午时：心经当令，美餐小睡。未时：小肠经当令，小劳娱心。申时：膀胱经当令，用脑学习。酉时：肾经当令，休息养肾。戌时：心包经当令，娱乐放松。亥时：三焦经当令，及时入睡。

　　我们身体的经脉及器官在白天不断地工作，能量在不断地消耗，所以到晚上需要得到休息、调整和修复。而人的深度睡眠就可以为其提供最好的条件，这个既是功能修复的需要，也是能量重储的需要。所以，深度睡眠对于每个人的重要性是不言而喻的，而能否进入深度睡眠状态，又和居住环境有莫大的关系。只有一个宁静的、和谐的、充满安全感的家居环境，才能让人安心地、彻底地、没有任何负担地进入到深度睡眠状态，继而让人体得到最舒适的放松和功能修复，以达到能量重储之目的，让人在第二天精力充沛、生龙活虎。

深度睡眠与能量修复重储

归结起来，我们可以得出这么一个结论：家居环境首要的是要营造安全性，只有这样，人才可以在家里彻底放松，才能安然进入深度睡眠状态，才可以进行人体能量的修复与重储。

回（五）获得安全感与转移恐惧

我们要想获得安全感，首先要学会转移恐惧。

在我们的生活中哪些东西会给人带来恐惧感呢？在古代，部族群落为争夺食物与资源，使用长矛尖刺相互搏杀，给人带来极大的痛苦与恐惧，所以人在潜意识当中，对这些冷兵器充满恐惧感。因此，在现实生活中，人们总是避免看到那些尖锐的物体，尤其是正对着你，比如剪刀、刀片、针具、尖锐屋角等。大人也常常叮嘱小孩子不要碰触到这些东西，因为这些尖锐的物体对着人的时候会在潜意识当中给人一种恐惧感。

此外，由于对未来的不确定性，对未知的不可掌控性，导致很多人对于鬼神敬畏有加，这也是因为长期的迷信以及人对死亡的恐惧，让人产生畏怕的潜意识。在生活中常会听到关于鬼神的故事，有的人对于鬼物、坟墓阴气等深信不疑，充满着恐惧感。还有邪气滋生、煞气过重，即风水布局不当，也会让人不舒服，进而产生恐惧感。

其实，又何止是人会规避风险，转移恐惧，去获得安全感呢，大自然也教会了植物获取安全感的技能。

手绘分析图：

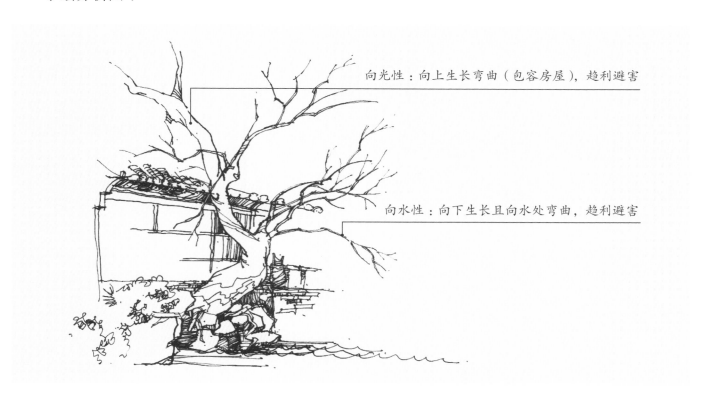

向光性：向上生长弯曲（包容房屋），趋利避害

向水性：向下生长且向水处弯曲，趋利避害

　　左图为临水树木图，通过观察我们可以看到树木临水而生长，但其枝叶却是朝上的，是向着阳光的。这是因为向光性及向水性都是植物的天性，为获取更大的生命空间，所以植物临水而生，其枝叶却朝阳而长。

　　由此我们可以得知：向水性、向光性、向肥性是植物的天性，满足天性的生长环境才能使植物获得安全感。

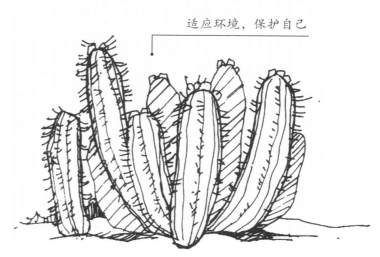

适应环境，保护自己

高者为山　低者为坝　平者为水　互为依存　不断转化

　　上图中仙人球为何生长成这样？为什么其叶片退化为针状物？原因在于其对沙漠缺水气候的适应，叶子退化成短短的小刺，以减少水分蒸发，亦能阻止动物吞食；茎转化为肥厚含水的形状；同时，长出覆盖范围非常之大的根，用作下雨时吸收更多的雨水。这其实也是为躲避风险，争取最大的安全的生存空间的表现。

　　其实，人如果在面对危险时，没有足够的支撑及依靠，也是会产生恐惧感的。

　　为什么一个人和多人打架时会背靠墙体或其它物体？

　　为什么两个人和多人打架时会背靠着背？

　　为什么与人相斗，到了山穷水尽时会叫四面楚歌？

　　其中的原因都是一样的，那就是在打架相斗中，为防止腹背受敌，就需要依靠着某一物体，增强内心安全感，使自己能够专心对付眼前的敌人；而当四面皆有敌人，自己又无靠山时，内心

就缺乏安全感了，以至于恐慌不已，直至溃败。

　　人是需要依靠的，有了依靠才会产生安全感，所以人要不断地去寻找靠山，解决后顾之忧。而且，靠山随时空的变化也会有多种类型，并不是一成不变的（比你"高"的都可以成为你的靠山：有技能的、比你强的、地位比你高的、经验比你丰富的等，在不断学习、汲取的过程中，你最终也会拥有成为别人靠山的强大能量）。

图片摘自 1993 年袁和平导演的《太极张三丰》

背靠背获得安全感

为什么打仗时要挖壕沟，人在壕沟里放枪战斗？

为什么让敌人投降时要让对方转过身背对着自己？

为什么西藏的佛教徒在拜佛时会卧伏在地？

为什么吃饭时贵宾座位是斜对门的位置？

为什么沙发都是有靠背的？

为什么房子前面是水后面是山，而不是后面有水前面有山？

战 壕　　　　　　　　　　　　　无后顾之忧

高者为山 低者为坝 平者为水 互为依存 不断转化

　　上述这些都是因为人需要靠山的支撑，当失去了靠山的时候，人就会感到恐惧和焦虑不安。打仗时挖壕沟和打架时要背靠墙或树，是因为这样的架势只需要去应付前面的敌人，没有后顾之忧，如此一心一意胜算就会加大。西藏的佛教徒在拜佛时卧伏在地，是因为显示自己拜佛时毫无防备（五体投地是最不安全的状态，在佛面前已不需要安全感，因为佛是心中最大最强的靠山），以表达内心的虔诚。沙发是要有靠背的，不只是简单的让人更舒服，最重要的还是让人有支撑感，有坚定的依靠，这样在潜意识当中人才会感到安全，才能更好地享受舒适。房子的后面是山前面是水，是因为山是阳性的、刚强的，水是阴性的、绵柔的，只有刚强的山在房子后面，人才会有安全感。如果后面是水，那么就是比较绵柔的，没有力度，支撑感不强，就会导致人感觉不安全。

手绘分析图：

房屋背山，有依靠

房屋面水，使人柔和平静

　　房子建造在有山有水的地方，而且要背山面水，那是因为：①有山有水的地方生活方便，而且资源丰富，物产充足。②就居住学角度而言，背山面水体现了自然之道，契合天法。因为房居后面有山，是阳性的，代表刚强，给人以强有力的支撑感和安全的依靠感；房居前面是水，为阴性的，代表柔和，会让人心情舒畅。这样，刚柔并济，相互转化，互为因借，让人生活惬意，感到平和与安定。这说明居住环境既要有刚强的靠山以满足安全感，又必须有柔和的、舒缓的空间映衬。只有这样阴阳中和、刚柔与共，才能使家居环境得以阴阳互补。

警察抓贼：让贼背对自己才安全

曾经苦难的经历会让人在回忆起的那一刻充满恐惧感，而曾经幸福的片段回忆起来却会让人感到无比甜蜜。所以打造个性化庭园时要根据业主的喜好、经历来做相应的营造和调节，转移恐惧感，唤醒甜蜜及美好。

那么，如何在庭园造景中应用安全理论，唤起人的安全感呢？方法和技巧有哪些呢？

（1）将庭园打造成为被包容的空间。因为被包容所产生的安全感是人与生俱来的感知。当我们还被孕育在母亲肚子里时，母亲给了我们包容，给了我们三重保护，使我们感到安全，感到舒服。所以，我们将庭园打造成被包容的空间，也能够使业主感受到安全感。

（2）营造依靠感。这就需要给庭园空间寻找靠山，让业主感觉有依靠（有意靠之无形靠山，实靠之有形靠山）。

（3）充分利用三角形布局，使庭园成为稳定的维和空间。因为从几何图形的角度上看，三角形是最稳固、最安全的。

高者为山　低者为坝　平者为水　互为依存　不断转化

独轮车

单　杠

安全性与被包容

　　如上图所示，为什么母子最亲密的怀抱是这样的？因为这个拥抱的姿势是最安全的：母亲的头、手、肩膀三处形成了一个内三角形，很稳固很安全，而且宝宝的头刚好可以依靠在妈妈的肩膀上，会让宝宝有种依靠感，也很舒适。另外，这种姿势也体现了一种包容的母爱。三角形的维和空间能给人带来安全感。

　　（4）使景物的本身能够和业主美好的经历烙印相符，即庭园造景时根据业主的经历，加入与业主美好经历能够产生共鸣的元素，避免与业主恐惧或不愉快经历有联系的元素，以此来获得安全感和转移恐惧，唤醒业主愉悦情绪。比如小时候捕鱼的场景蕴含了业主的童趣，若在庭园中营造溪涧鱼游的景观，可唤醒业主的童心童趣。

　　安全理论主要是解决庭园造景中景观布局问题（布安全局），而关于布局细节及技巧方式，将在今后出版的《庭园造景之术》中详细介绍，此处暂不铺陈。

　　在解决了安全空间问题，找到靠山之后，接下来就要做好借势。那怎样借势才能使庭园产生充足的积极势能量并储存起来呢？

第三节
瀑布理论

高者为山 低者为坝 平者为水 互为依存 不断转化

愚公为什么要移山？移山之前愚公家是穷山恶水之地（生活不便），移山之后愚公家成了"风水宝地"（生活方便了，由负能量变为正能量），这移山前后状况的对比说明了什么问题？

为什么国家要不遗余力地宣扬"真、善、美"？

为什么要树立道德模范和精英榜样？

为什么水库大坝的旁边一般都是高山成群？其选址说明了什么？

为什么房子都喜欢建造在有山有水的地方？

为什么有的人家里要摆放貔貅、如意？

为什么在同样的地段做同样的生意，有的生意兴隆、财源滚滚，而有的却门庭冷落、无人光顾？

北京十三陵水坝

为什么道路两边要种植高大的树木以显得道路的地势较低？

为什么山水交叠的地域比较富庶，而穷山恶水之处比较贫瘠？

为什么……

其实这些都与风水势能理论有关。

（一）古代风水学探秘

我国古代风水学又叫堪舆学，现称居住环境学，起源于原始社会，雏形于尧舜时期，成熟于汉唐时期，鼎盛于明清时期。风水学是人类在长期的居住实践中积累的宝贵经验。朝阳光、避风雨、防火灾、有靠山、近水源、利出行成了最基本的居住理论，即安全生存理论。几千年来人们不断地总结居住环境的优劣，到了汉唐时期就形成了成熟、系统的中国风水学理论。

彭祖弟子青衣说："内气萌生，外气成形，内外相乘，风水自成。"晋人郭璞《葬经》解释风水："气乘风则散，界水则止（可以说见水定见坝），古人聚之使不散，行之使有止，故谓之风水。"汉朝淮南王所著《淮南子》论述道：天地运行之道，至月令有阴阳变化，有相冲克之时，有相合之时，前者凶，后者吉。盖堪舆之义实为天地之道也。许慎《说文》解释：堪，天道；舆，地道。

风水是一种传统的文化现象，是古人对科学的一种意念探索，也是一种广为流传的民俗。在我国传统上，对于城市、宫殿、住宅、寺院、祠堂、陵墓、桥梁、牌坊、碑、塔等的选址布建，都会借鉴并遵循风水理论。风水学的核心内容是人们对于居住环境的选择和处理，使之和谐于当地环境。

风水学和玄学有着本质的区别，玄学是虚无缥缈，没有科学理论依据的，而风水学却是一门学科，一门综合易学、地理环境学、建筑学、规划学、气象学、生态学、心理学和艺术美学的学科。其主要的内容是谋求居所趋吉避凶，艺术性地为建筑选址及合理布局，是一门追求天人合一、道法自然的学问。

▣（二）气的成因

风水学认为自然界存在各种各样的"气"，这些"气"就是能量（分正负能量），有天气、阳气、阴气、煞气和地气等类别。常规说的"气"是靠风的带动和水流的运动而发生变化，搞风水就是要"藏风"，使"气"不散而得以积聚，让曲折委婉的山脉水溪形成缓流的生机，让"气"不断地流进来，积聚在这块土地上，缓缓流出去，不断循环，因"变"化"能"，从而形成良好的气场，以影响人的运势与吉凶祸福。

我们可以来探讨这么一个问题：那就是"气"是由什么产生的？按照一般的风水学原理来讲，"气"是由风与水的运动而产生的。我们先来谈谈风的形成：由于高低气压的不同，高气压向低气压方向运动，从而产生空气的流动而形成风。水的流动也是因为高低落差引起的。所以我们按照一般的风水学原理，就得到了这么一个结论：风是高低气压使空气流动而引起的，水的流转是高低落差而产生势能引起的。

高者为山 低者为坝 平者为水 互为依存 不断转化

经过更深入研究，我们发现导致风的形成以及水的流转的原因其实都是一样的，那就是因为"势"，即"势"的存在是形成风水中"气"的根本原因。我们可以这样来证明这一点：①因为有气压高低的存在，导致空气流动而形成风。高低气压本质上也正是因为势的高低不同而产生，高气压势大，低气压势小，而势能又是从上而下，由大作用到小的，所以就导致空气的流动。②水的流转本身也是因为势能的存在，由高往低。水则储存在低处，即有坝处，也即能量的收藏点在低处（水处）。③如果一个地方没有高低之分、强弱之别，不存在势的作用，那也不可能存在风水动能。④水也可以理解为"储能"之位。

所以，归结起来，我们的研究结论就是："势"的存在是形成风水中"气"的最根本原因，势是因高低差异而产生的。"气"也即是天地能量，所以"势"是形成能量的根本原因。风形成势（高低落差），水储存能。风，势也，因势利导、蓄势储能、借势而为、趁势而上；水，能也，低而储能。从某种意义上来讲，风水布局即势能布局，势能似气场也。因此，我们在打造个性化庭园时，一定要做足势能文章，做到有势借势，无势造势（即有山借山，无山造山），因势利导，蓄势储能，形成势能量气场。

（三）风水学上的势

现代科学中对于"风水学上的势"的解释是：龙脉发源后走向穴场时，在起伏连绵中所呈现的各种态势（即高低变化之势，经过人为调整，可"因变而化"）。

对于势之好坏标准的判定，缪希雍《葬经翼》的说法是："势欲其来，不欲其去；欲其大，不欲其小；欲其强，不欲其弱；欲其异，不欲其常；欲其专，不欲其分；欲其逆，不欲其顺。势来则气随之而来，势强大则气亦深厚，势不分则气亦不散。欲其异，欲其奇特翔动，生机勃然。逆顺百其止伏与否，欲其逆者，欲其奔腾而不雌伏如死龙。"

《葬经》也有云："若伏若连，其源自天，若水之波，若马之驰，其来若奔，其止若尸，若怀万宝而燕息，若具万善而洁齐（斋）。若赍之鼓，若器之贮，若龙若鸾，或腾或盘，禽伏兽蹲，若万乘之尊也。""势如万马自天而下，其葬王者；势如巨浪，重岭叠嶂，千乘之葬；势如降龙，水绕云从，爵禄三公；势如重屋，茂草乔木，开府建国；势如惊蛇，屈曲徐斜，天国之家；势如矛戈，兵死形囚；势如流水，生人皆鬼。"

由此可见，古人对于"势"的探索认识已经相当深入了，说明人们很早就发现了"势"。经研究得出，"势"能够影响能量气场的大小和好坏，这一理念为后世研究"势"文化提供了可参考的蓝本。但在现代庭园造景理论体系中，我们对于古人所提出的关于势之好坏标准的评判是批判性地接受的。其中的一些理念固然是精华国粹，但也有些是不科学、不正确的，也就是"度"的问题没有把握好。

缪希雍《葬经翼》说："势欲其来，不欲其去；欲其大，不欲其小；欲其强，不欲其弱；欲其异，不欲其常；欲其专，不欲其分；欲其逆，不欲其顺。"可解释为："想要它来而不要让它离开，想要它大而不要它小，想要它强劲而不要柔弱，想要它有变化而不要平常，想要它集中而不要分散流失，想要它朝迎场来而不顾向而去。"

从庭园造景的角度去理解：

首先，看"势欲其来，不欲其去"。欲其来是正确的，势来了才有可能成为风水宝地，不欲其去的话就不正确了。因为势来了，停留积聚在庭园内而不使它流失离开，这样新的势能又如何进来？庭园势能气场又如何保持常新？真正的风水宝地应该是不断流转运动，能量不断更新的，只有得失并存，得大于失，才能够真正保持庭园的势能量气场。

其次，看"欲其大，不欲其小；欲其强，不欲其弱"。其实势绝非越大越强就越好，因为势太大太强会给人造成潜意识的冲击感和压抑感，不利于空间的稳定。在科学的角度上讲，势的大和强应该有个前提条件，那就是保持空间对潜意识而言的相对稳定性和不使人感到压抑及不适（体验刺激除外）。

最后，看"欲其专，不欲其分"。从现代势能理论的角度分析，这是有失偏颇的。势能有时候在某个能量点上碰撞一下，分一分，是有利于风水流转的，而一味的"专"（即流转路线只有一条），有时候会产生"太冲"局面，甚至是流转面不广。

其它诸如"欲其异，不欲其常；欲其逆，不欲其顺"这几句，都是正确的，是符合现代庭园造景理论的（在特定时空内）。尤其是"势来则气随之而来，势强大则气亦深厚，势不分则气亦不散。欲其异，欲其奇特翔动，生机勃然。逆顺百其止伏与否，欲其逆者，欲其奔腾而不雌伏如死龙"。这些观点，更是道出了势能理论的精华。

《葬经》，亦称《葬书》，乃东晋学者郭璞所著。《葬经》对风水及其重要性作了论述，是中国风水文化之宗，中华术数之大奇书。其论述的关于势之形态，对于能量气场的影响着实令人惊

高者为山 低者为坝 平者为水 互为依存 不断转化

叹仰止，很有考究意义。书中写道："势如万马自天而下，其葬王者；势如巨浪，重岭叠嶂，千乘之葬；势如降龙，水绕云从，爵禄三公；势如重屋，茂草乔木，开府建国；势如惊蛇，屈曲徐斜，天国之家；势如矛戈（邪气），兵死形囚；势如流水，生人皆鬼。"这正是与现代庭园造景中的势能理论相契合的。为王者，霸气天下，其势高绝，凌宇轩昂，其势应当有万马自天而下的大气象。为诸侯、三公者，封疆大吏，位极人臣，其势应当壮大，应于山水相衬间绵延不绝。开府建国、天国之家的风水宝地，应该是曲折有度、蜿蜒流转不停的。而如果势能量犹如凶兵恶器和急速流泻的洪水一般的话，那么必然会导致兵死形囚、生人皆鬼的不利情形。但其关于势能流转的"其来若奔，其止若尸"观点，同样也和缪希雍《葬经翼》所说的"势欲其来，不欲其去"有同样的缺陷，实为遗憾也。

由上所述，可以得出以下结论：①势能是确确实实存在的，且自古以来都在为人们所利用。②势能不可只来不去，应该在不断获得势能的同时，因势利导，使能量有出口流泻，这样才能保持能量的常新，这样的势才能奔腾而不雌伏如死龙也（如吃饭—排泄—吃饭，这样有进有出，才能保证身体机能的良好）。③势绝非越大越强就越好，因为势太大太强会给人造成潜意识的冲击感和压抑感，不利于空间的稳定。从科学的角度上讲，势的大和强应该有个前提条件，那就是保持空间的稳定性和不使人感到压抑或不适。④势不能如同凶兵恶器一样锐不可当（沦为邪气），也不能像急速流泻的洪水一样一泻千里，应该要有"重岭叠嶂"、"水绕云从"这样的坝来阻挡，需要有"茂草乔木"的"重屋"来积聚储存，更应该像"屈曲徐斜"的"惊蛇"一般蜿蜒流转而有度。

当然在某种特定场所，如果要刻意体验惊险与恐惧等（比如攀岩、冲浪等），就要造过度、超度之势。这在园林技法中也有应用，比如巧用对比、欲扬先抑等。

我们在对照古代风水学上的势和现代庭园造景之势后，已经了解了势的形态能够左右风水气场的形成和质量好坏。那么，势能理论又是怎样运用到庭园造景之中的呢？

（四）瀑布（山水坝）理论

前面讲到，高低之差产生势，而势的不同形态又会影响能量气场。那么，势的形态是一成不变的还是通过调节之后可以产生变化的呢？要想解决这个问题，需要了解庭园造景理论体系中的瀑布（山水坝）理论。

瀑布（山水坝）理论其实就是关于势能转化的一套理论，它是指在势能产生并移动的过程中，通过调节势能的大小和走向，可以达到藏风聚气、储存能量之目的。

在前面关于自然之势的章节里，我们已详细解析过瀑布及水库水坝图。为了更好地理解瀑布（山水坝）理论，我们再一次借助水库水坝图和高山瀑布流水图来阐述风水势能的转化关系。

水库水坝图分析

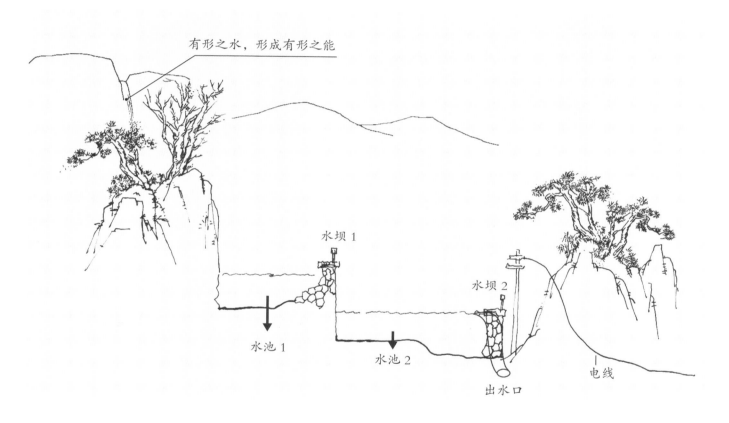

上图为水库水坝的意象图，左边的山很高，相对于水面 1 区域势比较大，山下的水池 1 相对低，势较小（即左边的高山是水池 1 的靠山），所以瀑布从山上流下来，产生瀑布势能。而此时在水池 1 边上建一个水坝 1，这就起到了一个势能调节的作用，瀑布势能被挡住了，势能产生的能量也积聚在水池 1 中。

水池 1 相对于水池 2 来讲，势又是比较大的（即水池 1 是水池 2 的靠山），通过调低水坝 1 的高度，势能就再次由水池 1 向水池 2 流动。而此时在水池 2 的旁边建起水坝 2，起到势能调节的作用，势能又被挡住了，能量也就积聚在水池 2 当中。

而此时在水池 2 的右边是一座山（即水池 2 的靠山），势能暂时就流失不出去了，所以势能最后就完全储存在水池 2 当中。经过能量的转化，水能就可以用来发电等，这样就形成了良好的势能（风水）流转。

高山流水图分析

手绘分析图：

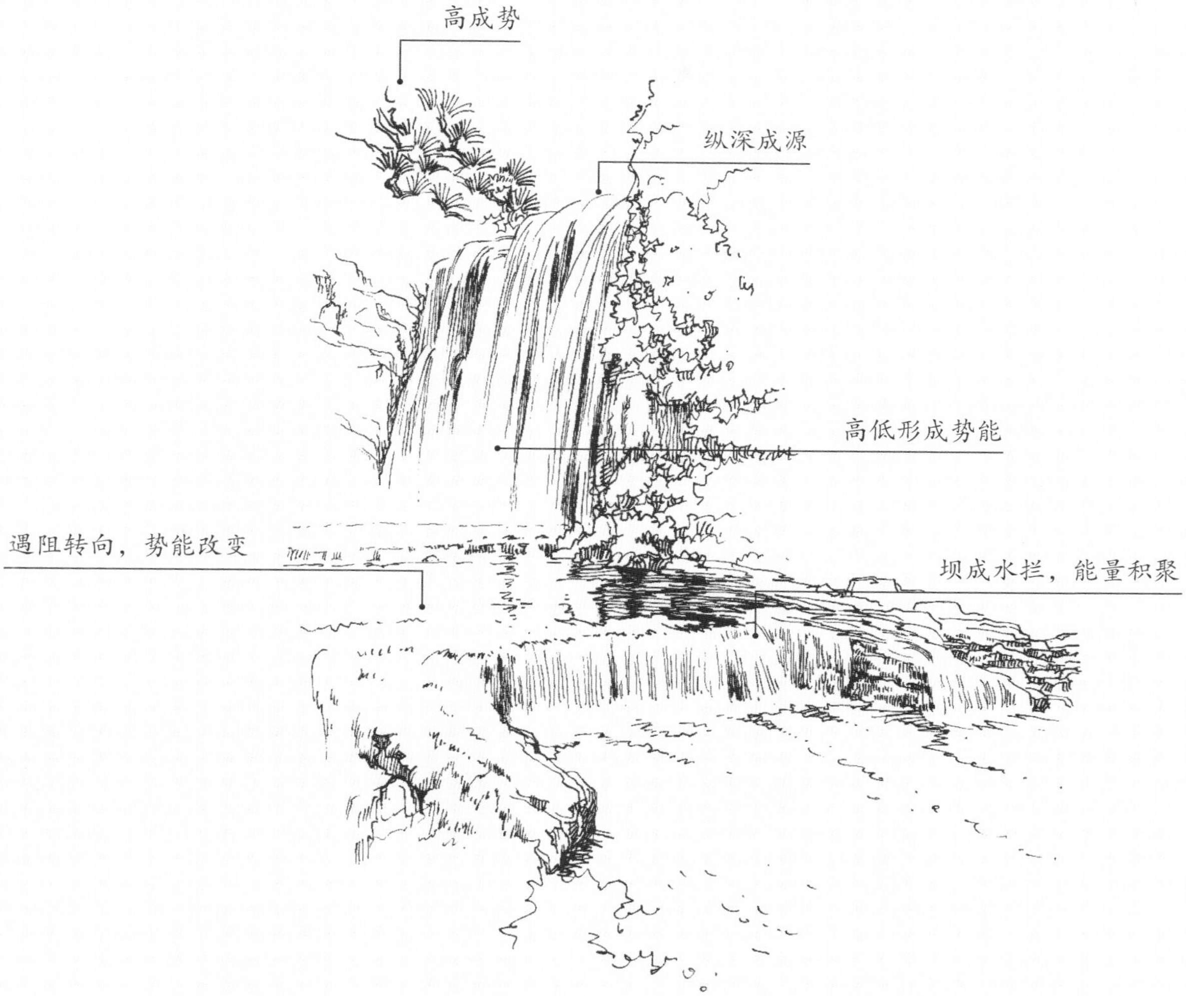

高成势

纵深成源

高低形成势能

遇阻转向，势能改变

坝成水拦，能量积聚

○◎**解析**

①瀑源形成：山上瀑布水源的形成来自于大气降水、雪水融化和泉水涌出等。因山势高，气候变化较大，日夜温差也大，容易形成降水及积雪，而且山体地质情况异常，加之山上树木蓄水，所以多有泉水涌出。总结起来就是源于高，高产生势，势产生能（水可以看作为一种能量）。②瀑布形成：瀑布形成跌水，其原因在于落差，瀑布背靠大山，以此为靠山，水自靠山向下流泻，在坝之上形成稳定的能量区域，即源源不断地跌水。③瀑布流泻：通过坝的阻挡，使水势变缓，且使坝下区域能量相对稳定，不至于使瀑布水势过大过强（流速太快），能量流失过快。④流向及势能变化：瀑布顺势而下，流向山下，遇石转弯，势向转变，曲曲弯弯之中，形成不一样

的动能，宽敞处缓流而下，紧窄处急流涌奔，或成渠、涧，或成潭、溪、河、沟，水位也或浅或深（园林绿地中草坪起伏变化、树木高差变化同理）。⑤化能：由于高差跌水，产生势能，可用于水利发电；水流至山谷，能量缓而集中，可拉坝成湖，用于养殖、灌溉和观光等。也就是将瀑布水能经过坝之取位转化为能量，为人们所用。而最低处即是水能最充裕的地方（园林中地形或树木变化，可暗示或唤醒人行走、停留、静思、遐想等行为）。

◎◎启示

①聚能之道：高者为山，值得我们尊重，所以我们要虚心请教，这样别人的优点、美德与能量才会流向自己，自己才能成长。②储能之道：低者为坝，要不断增加自己坝的高度，不断学习与进步，这样才能够积聚能量。③化能之道：在于"变"，"变"才能通，即将学到的知识与经验通过各种途径，结合现实需要，学以致用。④仿"瀑"之道：其实景观在一定的时空当中所组织的空间，均可看成是"山、水、坝"组合而成的不同的形势之关系（高者如山、坝、树、亭、墙等，坝者如山、树、亭、墙等，水者如园路、草坪、水池等）。"瀑"者，定有高低势能形成，"水"者，筑坝而储，存而化能。

瀑源形成

瀑能流转

瀑布成潭

瀑布化能

无形瀑布

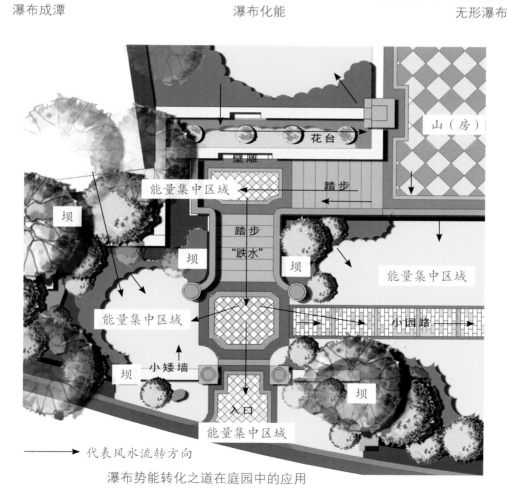

→ 代表风水流转方向

瀑布势能转化之道在庭园中的应用

高者为山 低者为坝 平者为水 互为依存 不断转化

图片标注解析：

无山造山——借势

图片标注解析：

高者为山 低者为坝 平者为水 互为依存 不断转化

图片标注解析：

园林中的"水"与"坝"（相对而言）

高者为山　低者为坝　平者为水　互为依存　不断转化

图片标注解析：

山坡上树木长势分析

手绘分析图：

以石为坝，挡水存肥，
故使石上方树木比石下
方树木大一些

高者为山 低者为坝 平者为水 互为依存 不断转化

◎◎解析

为什么图中在石头上方的树木高大些，而在下方的树木矮小些呢？那是因为石块如水坝，能够将自然流下的水分、养料拦截存储下来，以供树木吸收成长，所以树就长得高大；而下方的树矮小，是因为没有坝阻挡水分、养料，导致该区的养分容易流失，很难被树木吸收。所以，长年累月就形成了上方的树木高大，下方的树木矮小。

◎◎启示

每个人的成长都需要依靠"坝"的辅助，只有不断地增加坝的高度，才能更好地积聚能量，快速成长（成长要有人抬举，而有人抬举是因为欣赏你；欣赏你是因为你谦虚又有激情，谦虚又有激情则是因为你有"筑坝"的心境）。

高山植物分布图分析

分析图如下：

高处不胜寒，山顶势虽高，但生机很弱

山脚下势变小，但能增加，故生机增强

山下势最小，但能最强，故生机最强

◎◎**解析**

为什么山顶寸草不长，山中间为针叶林，中下部为落叶阔叶混交林，而山脚下为常绿阔叶林呢？这是因为高山上气候异常，海拔越高，其温度等自然条件就越限制树木生长，所以山体自下而上，垂直分布的树种抗寒性越来越强。

◎◎**启示**

在某种情况下，势绝非越大就越好，势较小反而聚势越高，能量越大。所以，势能是不断转换的，只有符合空间，适度的势才能产生最有用的能。

综上所述，势能理论在庭园造景中的特殊应用即是瀑布（山水坝）理论，其核心作用是在满足庭园空间安全性的前提下，找到合适的靠山，然后将靠山整合起来，通过不断地势能转化，产生最符合当地气场的势能形态（势度的问题），从而使庭园空间充满适度的、积极的能量。其操作方式可概括为：找到靠山（或造山），有势借势，无势造势，使之产生风水能量，能够利用势之高差，依势设坝，引导能量流转；再利用山水坝之转化关系，使风水能量不散，积聚于庭园各处（人活动之处），然后储存能量，转化能量，使庭园在真正意义上成为气场充足、能量充沛的风水宝地。如下图所示。

高者为山　低者为坝　平者为水　互为依存　不断转化

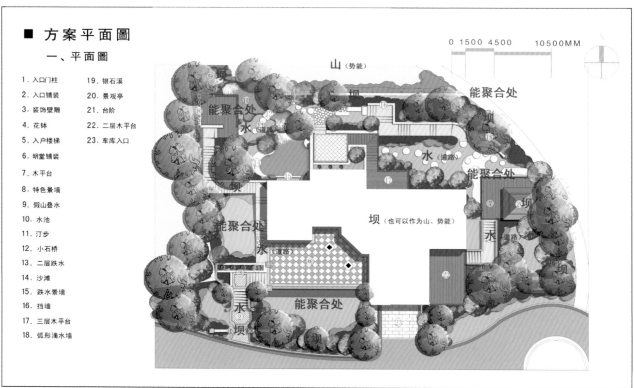

■ **方案平面图**

一、平面图

1. 入口门柱
2. 入口铺装
3. 装饰壁雕
4. 花钵
5. 入户楼梯
6. 明堂铺装
7. 木平台
8. 特色景墙
9. 假山叠水
10. 水池
11. 汀步
12. 小石桥
13. 二层跌水
14. 沙滩
15. 跌水景墙
16. 挡墙
17. 三层木平台
18. 弧形滴水墙
19. 银石溪
20. 景观亭
21. 台阶
22. 二层木平台
23. 车库入口

0 1500 4500   10500MM

代表风水能量流转

图中的箭头即为风水势能的流转方向

第四节
肠道理论

　　为什么高僧都习惯打坐静思？为什么佛祖法相一般都是打坐的形象？为什么武侠小说中武林高手冲击武学巅峰时都需要闭关？（停是总结、是积淀、是存储）

　　为什么深圳能从一个边陲渔村发展成为现代化国际大都市？如果深圳不是临海城市，如果深圳没有港口，它还会发展起来吗？这说明了什么问题？

高者为山 低者为坝 平者为水 互为依存 不断转化

（一）肠道理论概述

为什么在园林中有"曲径通幽"的说法？曲径通幽是园林艺术上的含蓄，是造景的形式指导。清·俞樾在《曲园楹联》一书中说到："曲径通幽处，园林无俗情。"

为什么人体的肠子是弯曲盘旋的？

为什么大江大河的水道都是曲折的？

为什么高速公路及铁路的走势也要弯曲有度？

为什么古代官道上都会设置驿站？

为什么……

其实这些都与"肠道理论"有关联。

肠道理论是关于能量储存的理论，是指能量的积聚与沉淀是一个过程，是需要一定的相对停留时间的。就像人体的肠子，为什么要曲折弯绕，而不是直的？那是因为消化、分解食物，进而汲取营养是需要时间的。如果肠子是直的，那么吃进去的食物没有在人体内停留的时间，来不及分解、消化就要被排泄掉，这样人体营养就会很快流失，能量就会缺乏。

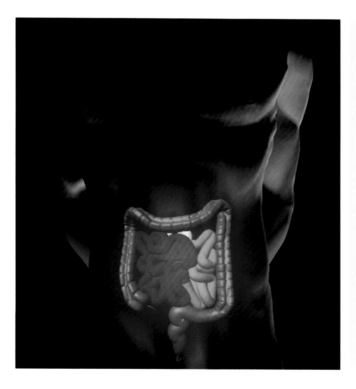

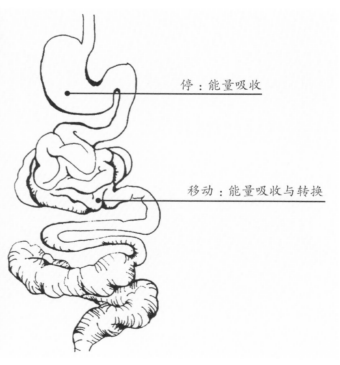

停：能量吸收

移动：能量吸收与转换

"安"与"定"的关系

定，甲骨文 ⬡ = ∩（宀，房屋）+ 𝌆（足，结束征战归邑），本义是结束征战，安居度日。远古男子为了觅食和战争，常常外出远行奔波。如果结束奔波而住在房子下面，安居度日，就算是"定"下来了。如果再娶个女人回家，住在房子里，那就"安"心了，这个男子的人生也就"安定"了。

为什么安和定时常用在一起呢？它们之间又有什么关联呢？

《大学》说："知止而后有定，定而后能静，静而后能安，安而后能虑，虑而后能得。"这句话是说：在应该停止的地方停下来才会有定，定下来后内心才能归于平静，内心归于平静后才能安心，安心后才能更好地考虑问题，考虑问题后才会有所得。由此，我们可以得出以下结论：只有停止后才能有定，只有定下来后才会有安。在肠道理论中，这种"定"即是停留，而"安"则是指正能量所带来的安稳安心。

就像人体肠道，食物进入肠胃，遇弯转而停，定在肠道中，经过肠道的吸收转化而产生营养，使人体各器官获得能量，从而使人体机能得以稳定，内心得到安全。

所以，"定"是"安"的前提，"安"是"定"的目的。

河流图分析

长江、黄河的水道为什么都是蜿蜒曲折，有如九曲迴肠，而不是直流而下的呢？这固然和地形有关，但是仅仅如此而已吗？

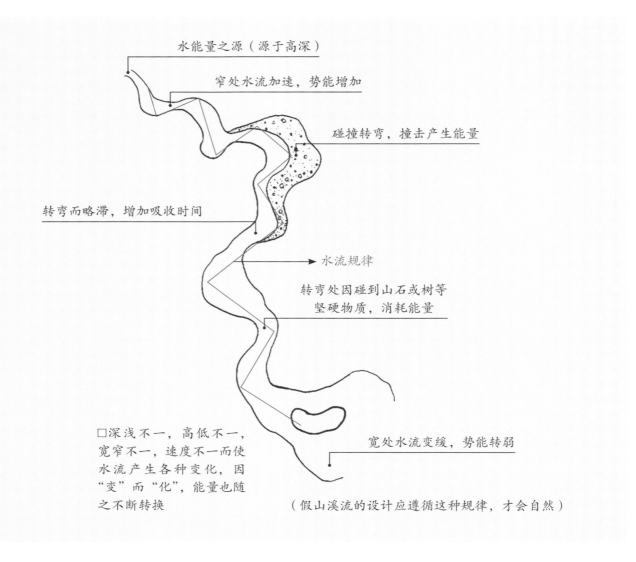

水能量之源（源于高深）

窄处水流加速，势能增加

碰撞转弯，撞击产生能量

转弯而略滞，增加吸收时间

水流规律

转弯处因碰到山石或树等坚硬物质，消耗能量

□深浅不一，高低不一，宽窄不一，速度不一而使水流产生各种变化，因"变"而"化"，能量也随之不断转换

宽处水流变缓，势能转弱

（假山溪流的设计应遵循这种规律，才会自然）

　　造物主的玄妙博大而精深，很多事物都是合乎天道规律的，只有如此，整个世界才能维持精妙平衡，才能长存不衰。长江、黄河存在了万年，是有其道理的：其一，河流源头皆为水源丰沛的高山，有着很多的水量补给；其二，河道长远且弯曲，不至于一泻千里，流失迅速，而是会形成很多的缓冲地带，即肥沃的绿洲，可以与河流相互补给，存在一种内部的循环。

　　其实，肠道理论在商业活动中也有体现。同区域同类型的商场，哪家商场的停车比较方便，哪家商场的生意肯定会比停车不方便的那家要好。这是为什么呢？究其原因在于"停"字。利用肠道理论来分析就很简单明了，停车方便就能把人给吸引过来，人一停，商场就能吸收能量，人气就会高。人气高就是一种能量，这种能量会使人感到舒适和满足，人们就自然喜欢光顾这家商场了。

"黄河百害，唯富一套"之分析

没有弯曲转折，就不能使能量停留。但也并不是说弯曲转折点越多就越好，这个要因地制宜，适度而定。河套平原位于黄河中游的"几"字形区域，素有"黄河百害，唯富一套"之说法。

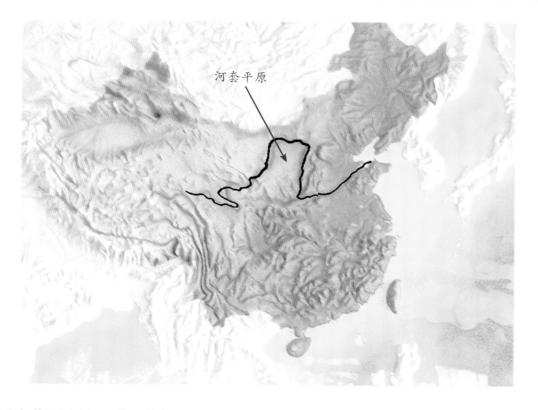

河套平原

这是因为黄河流域地形地势复杂，途经地区有高原、大山、丘陵、平原，由于泥沙淤积，全长5464公里的大部分河段里，河床都高于流域内的城市、农田，全靠筑堤防护，因而被称为"悬河"。历史上经常因天灾或治理疏导不善而决堤为害，但是，唯有河套平原地区有着不一样的安宁和富庶。这个我们可以利用肠道理论来解释：纵观黄河流域，银川以西流域虽有转折但转折过于剧烈，水势凶猛则易决堤（势太强）。西安以东流域弯转较少，水势奔腾而下，也易决堤。唯有河套平原流域（地图上"几"字形所在区域）既有弯曲转折又平缓适度，易于积聚能量（有形之水与无形之能）。

所以，我们得出结论：能量储存的关键点在于势能流动既要有弯曲转折又需平缓适度。就像庭园造景中的园路小径，一般都是要蜿蜒曲折但又显得圆润自然一样，使庭园中的势能量通过适度弯转而碰触停留得以积聚，这样才能刺激人的潜意识，使人有"曲径通幽"之感。

高者为山 低者为坝 平者为水 互为依存 不断转化

曲径通幽 2

曲径通幽 1

曲径通幽 3

回（二）停与亭的解说

在我国古典式庭园造景中，亭子是备受人们青睐的景观要素。我们在观赏庭园风光时，总会在蜿蜒曲折的园路尽头，发现一座供人停留休憩的景观亭。

这种常见的现象，也可以利用肠道理论来解读：

前面说到，利用瀑布（山、水、坝）理论可以解决庭园空间的势能量产生和转化问题，即有势借势，无势造势，可以使庭园充满势能量，形成气场。那么，遵循势能量"欲其奔腾而不雌伏如死龙"的原则，就需要使庭园势能量不断地流转运动起来。打个比方，也就是说庭园"吃了"这么多的能量，怎么把能量进行"消化吸收"，那当然要靠"肠道"来消化吸收了。那什么是庭园的"肠道"呢？即园路。所以，庭园造景时需要将园路设计成蜿蜒曲折而又圆润适度的"肠道"形，让势能量在蜿蜒曲折中去碰撞，遇到阻挡而停留，使能量得以积聚起来，使业主感受到"奔腾如活龙"的势能量气场。

但是，说到这里就出现了一个非常实际的功能性的问题，即人在游览的过程中会感到累，需要停下来休息。那总不能在充满势能量气场的露天园路上放一条长椅吧？或许春、秋凉爽宜人的时候确是一种享受，那夏日炎炎时呢？那风吹雨打时呢？所以，为了解决这一问题，景观亭就派上用场了。在园路的一头或一侧修筑一座亭子，作为人停留休憩之用。实际上也是作为蜿蜒园路上奔腾流转之势能量的收取口，使亭成为庭园空间的"肠中之肠"，不断地汇聚和储存势能量。

所以，人们喜欢在亭中静坐，静观庭中花开花谢，淡看天边云卷云舒，其惬意之感，溢于言表。其实，亭内的充足能量气场，能够在无形之中修复人观赏游览时所产生的疲劳；而对人本身而言，也是一种能量，人停于亭中，无形当中也在给亭子带来能量，比如人气。所以，人遇亭而停，能够完成人与环境能量的互相补充（如房子太久没人住就会阴气过盛）。由此，我们也能够充分理解为什么"停"字是人在亭边了。

高者为山 低者为坝 平者为水 互为依存 不断转化

在庭园造景中，安全理论解决能量布局问题，瀑布（山、水、坝）理论解决势能产生及转化问题，那肠道理论主要是解决什么问题呢？就是在庭园作为安全空间和能量空间的前提下，解决庭园势能量的储存、流转和保持能量经久不衰的问题。

那么，肠道理论是如何解决能量修复、吸收与释放的问题？人体肠道是弯曲的，而弯曲处起到了一个临时"坝"的作用，使食物不至于快速流失排泄，而是有相对停留时间以供肠壁吸收营养，供应人体能量消耗所需。庭园造景理论体系中的"肠道理论"依据人体肠道之原理，设置蜿蜒曲折之路径及休憩观赏之廊亭，或是设置障景、挡墙，使庭园产生的能量能够得以停留、吸收，进而被转化，使庭园能量经年流转，不败不衰。

亭子是人集中活动之处

第五节
庭园造景理论的相互关系

　　庭园造景理论体系由四大理论构成：唤醒理论、安全理论、瀑布（山水坝）理论和肠道理论，这四大理论之间有怎样的相互关系呢？

　　（1）安全理论是该体系的基础：打造安全性是庭园造景的首要目的。如果连安全性都满足不了，其它再完美的理论、再精湛的造园技艺、再美观的庭园效果（其实也不可能），都将是空中楼阁，都将变得没有任何意义和价值。

　　（2）瀑布（山水坝）理论是该体系的发展：瀑布理论解决了庭园造景理论体系中能量产生的问题，这是该理论体系得以延续和发展的一个重要环节。庭园在解决了安全布局的问题之后，就要解决势能风水能量产生的问题。它处于安全理论和肠道理论的过渡阶段，也是整个理论体系得以继续发展深化的中心所在，具有承上启下的作用。

　　（3）肠道理论是该体系的升华：能量风水产生后，怎么使风水能量储存起来，使庭园空间变成风水宝地，这是安全理论和瀑布理论在"质"上的一个发展和飞跃。同时，需要注意的是，本书中经常提到的势能理论，即是瀑布（山水坝）理论和肠道理论结合的统称。可以这样理解：安全理论讲的是庭园能不能住人，而瀑布理论和肠道理论讲的是如何让人住得更好更舒适。

　　（4）唤醒理论是该体系的最终目标：前面三大理论都是为唤醒理论而存在的，三大理论如果缺乏唤醒之功能，也即失去了存在的意义。

　　大自然的博大精深实在让人感叹，本人对庭园造景理论体系越研究到最后，就越发感觉到"自然大道"的无处不在。很多事物的原理无论为何种形式，其本源皆是相通的。现代庭园造景理论体系也是如此，初步探索觉得其浩广飘渺，难查其究；但凭一心之至诚，多年心得领悟，终得其妙。其实，现代庭园造景理论之原理与人之吃饭、消化、吸收、排泄的原理大体一致，具体

高者为山 低者为坝 平者为水 互为依存 不断转化

解析如下：

安全理论（解决能量空间布局问题）——犹如人要有一个健康的身体，一个功能健全的"肚子"。

瀑布理论（解决能量产生及转化的问题）——犹如人要吃东西一样，不断获取外界能量（借势）。

肠道理论（解决能量的储存、流转和常新的问题，使庭园空间成为风水宝地）——犹如人体肠道，将吃下去的食物经过肠道的停留、消化、吸收和排泄，产生供应其它器官的营养能量，以保持身体的健康运作。

唤醒理论（唤醒业主的安全感和成就感）——犹如人在获得营养能量后会觉得温饱（安全感的实现，即唤醒生命躯体的活力），温饱后会去劳动以创造财富、贡献社会（成就感的实现，即唤醒人的精神价值）。

第四章

庭园造景理论实际应用解析

本章主要讲述庭园造景四大理论（唤醒理论、安全理论、瀑布理论、肠道理论）在杭州某别墅A庭园中的具体应用与解析。

现代庭园景观，是我国古典园林在当前时代背景下的演绎，是对庭园文化充分理解下营造出来的具有现代风格的庭园景观；也是通过对古典园林文化和国外园林文化的认知，将现代科学元素和传统元素结合在一起，以现代人的审美需求和功能需求打造成的富有韵味的新式庭园景观。

下面运用庭园造景理论对杭州某别墅 A 进行具体应用分析。

该别墅区为典型的山地别墅群落，别墅区的周边环境形成了被花园包围的独特景观。其中别墅 A 的庭园风格为典型的带有日式元素的新中式庭园。从别墅 A 不同的高处，皆可看见美丽的花园；同时别墅 A 底层有大幅借景窗，视野开阔，幽静宜人，钟灵毓秀。整个花园清新素雅、古朴精致，几十种植物营造出丰富多彩的自然景致，饱经风霜的石材诉说着一段段古老的传说。在这悠然惬意的环境中尽情享受一份难得的宁静，喧嚣的尘世就在此时绝缘。

别墅 A 在房型的设计上，更能突出主人大气而朴实无华的空间设置，使人有豁然开朗的感觉，同时也给人以充分融入自然的机会。

为何别墅 A 的庭园既美观又舒适？这完全得益于庭园造景理论在该庭园中得到了很好地运用。

第一节
安全理论的应用与解析

前面提到，如何在庭园造景中应用安全理论，唤醒人的安全感，其方法及技巧如下。首先，将庭园打造成为相对包容的空间。请看下图。

注：红箭头标注的即为别墅 A 幢位置图

高者为山　低者为坝　平者为水　互为依存　不断转化

由上图可以看出，别墅 A 庭园处于三面环山（北、西、南）的地理位置，借用自然山体和周边别墅的围挡及植物的营造，使该庭园位于相对包容的空间中。这里既有借势也有造势，借势是指借原先山体及其它别墅建筑体之势；造势是指种植植物使庭园空间达到被相对包容之目的，而且被相对包容的空间犹如在母亲的怀抱之中，厚实而温馨。

A 幢别墅庭园实景

其次，给庭园空间营造依靠感。请看下图。

A 幢别墅地形图

别墅空间后方有较高的山体和别墅群落做靠山，是很坚强的后盾。所以，别墅 A 庭园有很强大坚实的靠山，能给人以安全感。

A 幢别墅庭园实景

高者为山　低者为坝　平者为水　互为依存　不断转化

其实，庭园中别墅体本身也可作为庭园空间的靠山。

第三，充分利用三角形原理布局，使庭园成为稳定的维和空间。下图为别墅 A 的彩色平面图，我们来分析下。

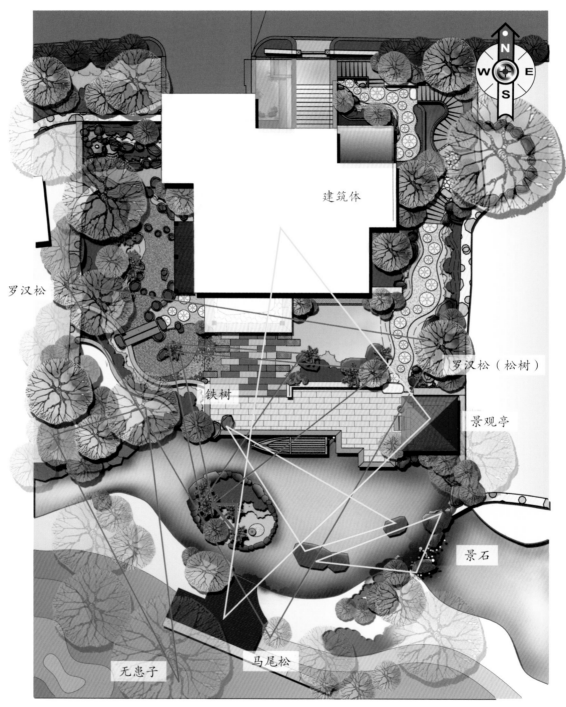

黄色线条代表硬质景观属性的三角形关系，红色线条代表软质景观属性的三角形关系

庭园中的硬质景观部分：同为建筑体的亭子和别墅建筑之间存在三角形关系，置石与置石之间存在三角形关系。

庭园中软景部分（植物）：铁树之间、松树（罗汉松与马尾松）之间、合欢之间、梅花之间、金边胡颓子球之间、金叶络石色块之间等，都存在着三角形的关系。这样的庭园造景手法，使人置身其中，能够在有意无意之间都感到维和空间的存在，使人感到稳定牢固（有积淀）。

最后，使景物本身能够和业主美好的经历烙印相符。该幢别墅业主自小喜欢盆景，所以，在庭园中或种植或摆放了很多美观宜人的盆景，让一种浪漫的温情不断在这方灵动的花园中飘洒、蔓延。

A 幢别墅庭园实景

高者为山 低者为坝 平者为水 互为依存 不断转化

第二节
瀑布理论的应用与解析

前面讲到，瀑布（山、水、坝）理论是在满足庭园空间安全性的前提下，找到合适的靠山，然后将靠山整合起来，通过不断的势能转化，产生最符合当地气场的势能形态（势度的问题），从而使庭园空间充满适度的、积极的能量。其操作方式可概括为：找到靠山，有势借势，无势造势，使之产生风水能量；并利用势之高差，依势设坝，引导能量流转；再利用山水坝之转化关系，使风水能量不散，积聚于庭园各处（人活动之处）；然后储存能量，转化能量，使庭园在真正意义上成为气场充足、能量充沛的风水宝地。请看下图。

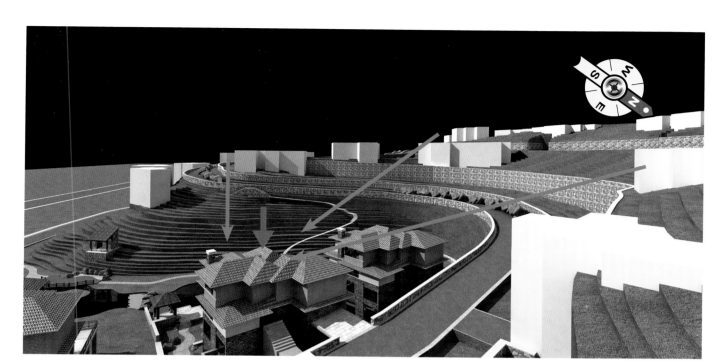

高者为山　低者为坝　平者为水　互为依存　不断转化

备注：⬇代表 A 别墅　➡代表风水势能产生及流向

A 幢别墅庭园实景

为了更直观地解析，我们来看下面的断面图。

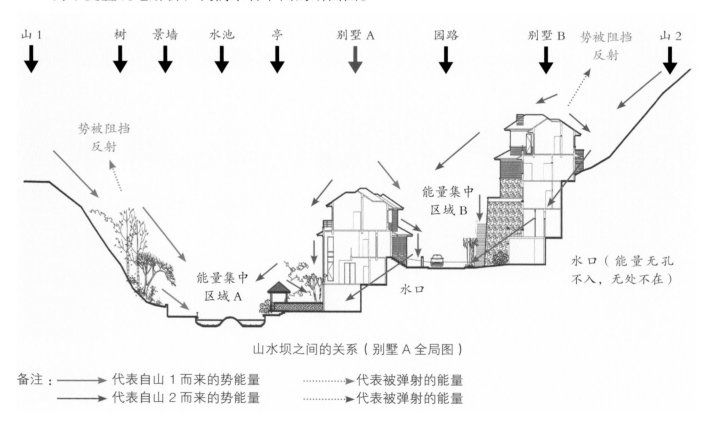

| 山 1 | 树 | 景墙 | 水池 | 亭 | 别墅 A | 园路 | 别墅 B | 势被阻挡反射 | 山 2 |

势被阻挡反射

能量集中区域 A

能量集中区域 B

水口（能量无孔不入，无处不在）

水口

水口

山水坝之间的关系（别墅 A 全局图）

备注：

→ 代表自山 1 而来的势能量　　　　┈┈► 代表被弹射的能量
→ 代表自山 2 而来的势能量　　　　┈┈► 代表被弹射的能量

（1）**从全局看**：山 2 最高，水池 A 最低，而别墅 A 作为坝。势能量从山 2 向下流泻，遇到别墅 B（坝），势能量一部分被弹射出去（使山 2 流泻下来的势能量变得缓和），另一部分继续向下流泻，遇到别墅 A（坝）的阻挡，势能量就积聚在园路 B 区域（部分随缺口即水口继续流动，如在别墅入口北侧小门处）。当园路 B 区域的能量储存达到一定量时（园路 B 区域的无形势能量的高度超过了别墅 A 的高度或者碰到缺口），势能量就会继续向下流转（图中向左），而积聚在最低的水池 A 区域。而山 1 的势比水池 A 区域要高，势能量从山 1 流向水池 A 区域，山 1 的势能量经亭子和树 1 的坝之阻拦，能量变得缓和而冲击力不强，势能量也最终积聚在水池 A 区域，而不会流失（停留在相对稳定处，此后再向东流转）。

所以，从总体来看，整个庭园空间风水势能量最充沛的地方是水池 A 区域，其次是园路 B 区域。

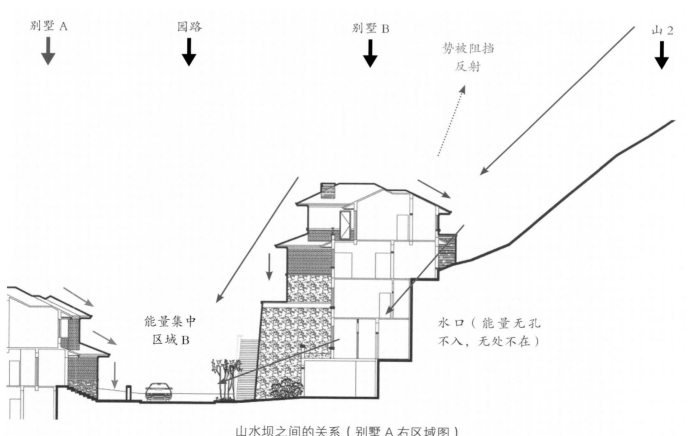

山水坝之间的关系（别墅 A 右区域图）

备注：————→ 代表自别墅 A 而来的势能量
————→ 代表自山 2 而来的势能量 ···········→ 代表被弹射的能量

（2）从别墅A右边的区域看：山2最高，势能过强，向下冲击力也会很大，这不利于庭园空间能量的稳定，会使人感觉很压抑，所以借助了别墅B作为坝，来阻挡势能量过强的冲击（山2的势能量一部分经别墅B的阻挡而被弹射掉，另一部分则继续向下流转）。

而且，别墅B作为山2与园路B区域之间的坝的同时，其实也作为园路B区域的"山"（高者为山），而别墅A却作为别墅B和园路B区域的坝，原先被别墅B阻挡而变得缓和的势能量自别墅B处流向园路B区域，经别墅A之坝的阻拦而积聚在园路B区域。

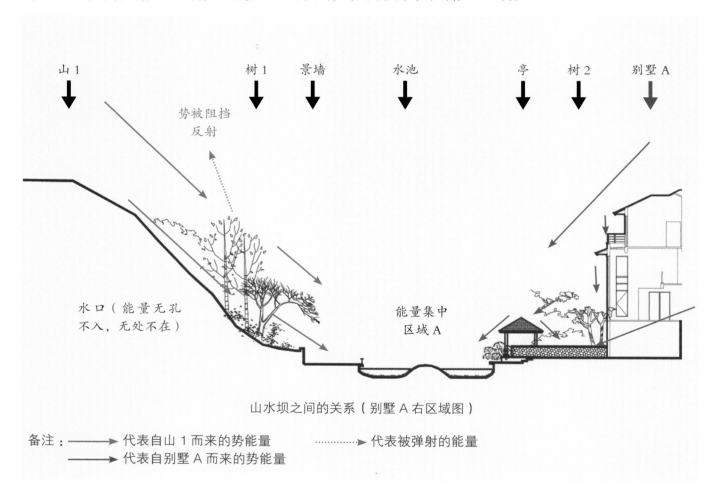

山水坝之间的关系（别墅A右区域图）

备注：——▶ 代表自山1而来的势能量　·······▶ 代表被弹射的能量
　　　——▶ 代表自别墅A而来的势能量

（3）从别墅A的左边区域看：房子较高，水池A区域最低，房子可以看做是山，而树1和山1可以看成是坝，由别墅A产生的势能量流向水池A区域，经树1和山1之坝的阻挡，势能量就积聚在最低的水池A区域了。

从上图的局部来看，可以发现两种情况：

其一，别墅A作为山，亭子作为坝，水池A区域作为水处，风水势能由别墅A向水池A区域流泻，而亭子作为中间的坝就能挡住一些能量，使亭子右边形成较稳定的能量气场（有形之能是水肥养料，无形之能是风水势能），以使树 2 生长得更好（树 2 本身也可以作为坝，以阻挡住一部分从别墅 A 往水池 A 流转的势能量）。

其二，山 1 作为山，景墙作为坝，最低的水池 A 区域作为水处，风水势能由山 1 向水池 A 区域流泻（一部分势能量被树 1 阻挡反射出去而使势能量变得缓和，另一部分变得缓和的能量则继续向下流转），而景墙略比左边的山体连接处高，这样就能够阻拦住一部分的能量（有形之能是水肥养料，无形之能是风水势能），以使山坡上的树 1 生长得更好（树 1 本身也可以作为坝，以阻挡住一部分从山 1 往水池 A 区域流转的势能量）。

经过以上图析，我们可以看出，瀑布（山、水、坝）理论的应用重点在于借势和造势，通过不断地借势而为、乘势而上，使庭园空间不断产生势能量（即风水能量），再利用山水坝之间的关系不断进行高低转化，使山是山而不只是山（也可转化为其它山的坝，恰如"看山是山，看水是水，看山不是山，看水不是水"）；又使坝是坝而不只是坝（也可转化为其它坝的山），其中奥妙确实无穷也。在这样一套相当机动灵活的理论的应用下，使庭园空间里的风水能量达到相对的和谐稳定，便是这一理论的应用价值所在。

A 幢别墅庭园实景（庭园空间风水能量最集中区域——水池）

高者为山　低者为坝　平者为水　互为依存　不断转化

第三节
肠道理论的应用与解析

前面说到，在庭园造景中，安全理论解决能量布局问题，瀑布（山、水、坝）理论解决势能产生及转化问题，肠道理论主要是讲在庭园作为安全空间和能量空间的前提下，解决庭园势能量的流转、储存、保持能量经久不衰的问题。

肠道理论在庭园造景中应用的重点在于：①风水能量既要流转盘活，又要储存积淀。所以，园路要弯曲转折且平缓适度，要显得蜿蜒曲折而又圆润自然，使风水能量的流转因转折而碰撞，因碰撞而停留，因停留而积淀。②亭子作为"肠中之肠"，一定要在流转的风水能量汇聚之处，以做到人能够"遇亭而停"，以完成人与环境能量的互相补充。请看下图。

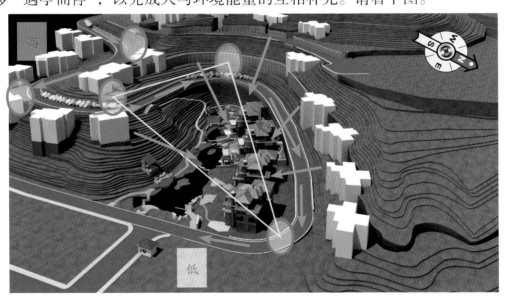

大环境下的风水流转图

备注：　➡ 风水流转及方向　　⭕ 风水能量碰撞减速点（能量集中点）

　　　　⬇ 别墅 A 幢　　　　━━ 能量集中的环境区间

○◎解析

势能量（风水能量）自山上而下，沿着蜿蜒圆润的园路向山下流转（园路即水路），一部分能量经过转弯碰撞后得以停留，形成了图中 ◯ 的五个风水能量储存点（也即能量集中点）。而其中的三个能量集中点又相互依托，形成了一个大的能量集中环境区间，即图中三角形区间，而这能量集中区间又恰好是 A 幢所在的庭园空间区域。由上图我们可以看出，大环境的风水能量在蜿蜒曲折而又圆润自然的园路的适度引导下，风水能量的流转因转折而碰撞，因碰撞而停留，因停留而积淀。可以说，这样的风水能量既充沛强大又如"奔腾之活龙"，使三角形区域的环境空间充满了正能量，是真正的风水宝地。

大环境的能量空间如此，A 庭园的空间又如何呢？请看下图。

A 幢庭园空间风水能量流转图

（图例备注与左图一致）

高者为山 低者为坝 平者为水 互为依存 不断转化

○◎解析

从上图我们可以看出：①庭园空间内风水能量通过蜿蜒曲折而又圆润自然的园路，使风水能量的流转因转折而碰撞，因碰撞而停留，因停留而积淀，产生了上图中七个风水能量集中点。②亭子作为"肠中之肠"，成为流转风水能量汇聚之处（三方汇合之坝点），而亭子又是庭园空间中人活动最为频繁的地域，这样可以做到人"遇亭而停"，完成人与环境能量的互相补充。③风水能量有进有出，犹如井水之取用，这样能够保持能量的常新而经久不衰（风水能量入口即图中深蓝色线条，风水能量出口即图中黑色线条）。

如此，庭园空间风水积聚良多，充沛浓郁，且流转顺畅，实时更新。人于此间，在有形与无形间都能够感受到一种能量包围的畅快，在不知不觉间不断滋润和改善着主人的身心和情绪。

A 幢别墅庭园实景

第四节
唤醒理论的应用与解析

　　前面说到：我们每个人所希望的是被唤醒那些美好的、甜蜜的、有积极意义的感觉和情绪，谁都不希望被唤醒那些使人悲伤的、让人恐惧的、惹人苦恼的感受。尤其是在人生活休养的家居空间里，更是希望自己所看到的、听到的、闻到的、触摸到的、感觉到的，都是能够令人感到美好的，这个是业主的基本需求。而其更高层次的追求在于庭园居所空间能够充满积极的能量（正能量），能够在潜移默化中修缮自我、平衡自我，强大自己的能量气场，使自己更有力量，得到更高品质的生活享受。

　　其实，之前所讲到的安全理论、瀑布（山水坝）理论和肠道理论都是造景的技艺方法，其最终都是为唤醒理论服务的，即唤醒是庭园造景的最终目的。唤醒理论在庭园造景中的应用可分为两类：潜意识的唤醒和感官的唤醒。

　　（1）潜意识的唤醒（无形之中而生发的能量）。首先，打造安全性是庭园造景的首要目标。利用造景技术将庭园营造成安全空间，其中心在于找到靠山（借高之势）。其次，在找到靠山后，应该做好借势，利用瀑布（山水坝）理论使庭园产生充足的积极的势能量并储存起来。最后，在庭园蓄积充足的积极势能之后，需要通过合理引导，使能量流转起来，以维持能量场的不断更新。通过这三方面的作用，才能够使庭园成为积聚能量的风水宝地。这里所提到的安全感、势能量风水、能量场等大多都是无形的，是在潜移默化中改善着人们平时看不见摸不着但又真实存在的势能气场（如气运、财运、潜意识的安心舒适等）。

　　我们分析了安全理论、瀑布（山水坝）理论和肠道理论在别墅 A 庭园空间的应用，可以说明：该庭园在现代风水势能理论体系的指导下，已经将庭园空间打造成了安全性强的、充满了流动势能量的一块风水宝地。在无形之中能够使业主受到正能量的包围和滋润，强大业主的能量气

高者为山　低者为坝　平者为水　互为依存　不断转化

场，得到更高品质的生活享受。

（2）感官上的唤醒（通过有形的刺激，再生发正负能量）。除了潜意识层面的唤醒之外，当然要辅之以实体的、有形的感官享受。在本书第三章第一节中提到，唤醒理论包括视觉唤醒、听觉唤醒、嗅觉唤醒、触觉唤醒和意觉唤醒五个方面。

在别墅 A 庭园中，所有三角形的同类植物种植点，让人感觉有被"容"之意；园路边倾斜亲切之植物，尤其是东南之造型罗汉松、倾斜之铁树、屋角之雀梅等，皆有相拥之意（视觉唤醒），主人有被尊重之感；正门口踏出第一步的地方放置一块万斤大石块，其厚重沉稳，给人脚踏实地之意（视觉、意觉唤醒）；古老的石板、石桥、溪涧游鱼等能唤醒主人的童趣，以达到情景相融之境界，这些都是唤醒理论的具体应用。

老石板，唤醒古朴及追寻"源远之感"

大石头给人以脚踏实地之感

老石墙，
唤醒古朴苍厚之感

高者为山 低者为坝 平者为水 互为依存 不断转化

游鱼嬉戏，唤醒主人的童心童趣

　　这幢别墅与常规房屋建筑格局不同，入户层即为别墅第二层，入户口有一条通道将主人直接引入花园。此处是一个狭长的过渡空间，面积虽小，但仍旧将自然风情表现得淋漓尽致。连接花园与别墅的旋转楼梯两侧布置丰盈的乔灌木，将倾斜的坡地巧妙遮挡。一条条或深绿或浅绿或红或粉的柔美曲线"中和"着建筑和台阶的直线条，打破这些不可避免的僵硬和死板。沿着台阶（跌水）处，在空间与方位的转换中，紧张了一天的身心很快放松下来。一块块莲花盘（脚踩莲花之意，是视觉和意觉唤醒）和年代悠久的老石板与未打磨的石子组成的小路在绿油油的草坪中格外

醒目，错落的铺排也在表达自然、朴素的情绪。

莲花盘小路一直通向临水休闲区，开阔的平台空间能满足各种活动的需求，也是露天聚会场所的不二之选。"头顶"旧石片的四角凉亭也颇有古典范儿，柳桉防腐木用于建造主体框架和细部装饰镶边，浙江传统石材高湖石、老石钵为亭子增添了不起几分庄重、沉稳之气。

一方极具自然野趣的水池是花园的主要水景之一，黄菖蒲、香蒲、千屈菜、梭鱼草一簇簇立于山石围合的池边；西侧的湖心岛上，苏铁与宿根

高者为山 低者为坝 平者为水 互为依存 不断转化

花卉、金叶络石、玉龙草以及白色沙砾"和睦相处"，色彩对比强烈的景致在一片碧波上格外抢眼。借景是我国园林的传统手法，别墅外面的公共水面、对面的山体、西面的跌水，因水池的建造被设计师纷纷借用，成为扩大花园空间视觉效果的重量级元素。止步于平台边缘，平静的水面倒映着四周的树木、山石，灵动的小鱼在池中欢畅地游动嬉戏；布满各种乡土植被的青山上，时不时飞起几只小鸟；到了秋季，红枫艳若云霞，飘逸出尘，极富诗意；一级级缓缓而下的流水带着落花、红叶来到花园，清脆的水声是那么欢快……目光所及之处是一幅幅动态的山水风情画，身处其中，让自然贴近心灵，心境自然也会变得更加平和了。

第五章

《清闲供》局部文章解读

通过解读明代文人程羽文《清闲供》之局部文章，阐述古代文人寻求与大自然相融合的日常生活艺术、审美情趣及标准，以及这些标准对于现代庭园造景艺术的启迪作用。

第一节
《清闲供》部分原文

　　明代文人程羽文在其一部细致表现文人日常生活艺术的小品文《清闲供》中讲到了一些生活环境的标准，原文如下：

　　门内有径，径欲曲。径转有屏，屏欲小。屏进有阶，阶欲平。阶畔有花，花欲鲜。花外有墙，墙欲低。墙内有松，松欲古。松底有石，石欲怪。石面有亭，亭欲朴。亭后有竹，竹欲疏。竹尽有室，室欲幽。室傍有路，路欲分。路合有桥，桥欲危。桥边有树，树欲高。树阴有草，草欲青。草上有渠，渠欲细。渠引有泉，泉欲瀑。泉去有山，山欲深。山下有屋，屋欲方。屋角有圃，圃欲宽；圃中有鹤，鹤欲舞；鹤报有客，客不俗；客至有酒，酒欲不却；酒行有醉，醉欲不归。

第二节
运用庭园造景理论解读《清闲供》

通过明代文人程羽文的描述，我们大致可以看出古代文人细致化的日常生活艺术、审美情趣及标准，领悟到他们在日常生活中寻求与大自然相融合，以体现一种清雅情调的韵味。这些标准对于现代庭园造景艺术也有很大的启发作用。

为什么要"门内有径，径欲曲。径转有屏，屏欲小……墙内有松，松欲古……桥边有树，树欲高……泉去有山，山欲深"呢？

只要我们运用庭园造景理论体系中的瀑布（山水坝）理论（势能理论）、安全理论、肠道理论，就完全可以解释古人生活之体验。

实际上，个性化庭园造景就是利用环境和对业主的需求研究，运用各种园林要素来创作景观，其目的是使创作出来的环境的布局、质感、形式和意境等能唤醒人的安全感、愉悦感，然后通过这些感觉来刺激人的情感和行为，使人激发并重储能量（精神变物质的过程），即给人带来舒适、健康、激情、安逸等积极的人生能量，达到人被"容"、"拥"、"融"的境界（"容"，即被包容的安全性；"拥"，即人被尊重性；"融"，即人的自我实现，天人合一，互相融合）。

能量从何而来？可运用瀑布（山水坝）理论来布局，产生高低落差形成瀑布（可分为有形和无形两大类），形成势，所以在此过程中，可通过"有势借势、无势造势"来完成，这里的核心点就是"高者为山，低者为坝，平者为水，互为依存，不断转化"。比如"高者为山"，高者可以是房子、树、亭子、真假之山、墙等事物，这是相对于比它们"低者"而言的；"低者为坝"，低者也可以是房子、树、亭子、真假之山、墙等事物，这又是相对于比它们"高者"而言的。由此可知，高者可以成为更高者的"坝"，低者也能成为更低者的"山"，这都是相对而言的。所以，山与坝是互为依存、不断转化的，通过此过程来实现能量的相对区域稳定（安全和流转使用）。

高者为山 低者为坝 平者为水 互为依存 不断转化

　　高低之间就会形成势，低者阻挡势外泄而形成能。如上所说，"桥边有树，树欲高"、"泉去有山，山欲深"，这些都是典型的瀑布（山水坝）理论的应用。如下图所示，桥较低，桥边之树较高，高低形成势能使桥域增加了能量，也就增加了安全感。泉水为低，深山为高，高低间便有了能量。

　　所以，在庭园造景中应用此理论，其中植物配置的顺序应该是：第一，树、建筑等布局：按人之行动点布安全局（三角形布置树植点），布能量局（高低转化即山水坝理论应用）；第二，选树种：道法自然，因地制宜，并以"物以类聚，人以群分"选择树种；第三，选树型：遵循人性，遵循物竞天择，高矮、肥瘦、曲直遵循自然生长规律择型（此方式方法将在今后出版的《庭园造景之术》中详细阐述）。

（一）"桥边有树，树欲高"之分析

这样的桥走上去才会感觉到有安全感，因为桥边种植了一棵大树，成为桥之"靠山"，

人行于桥上，便会感觉到这种靠山之感，同时势高也产生势能，故行之始觉安全。

（二）"泉去有山，山欲深"之分析

高者为山　低者为坝　平者为水　互为依存　不断转化

势能流转

能量转换

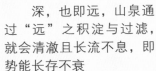
深，也即远，山泉通过"远"之积淀与过滤，就会清澈且长流不息，即势能长存不衰

那么，能量又是如何被人所用或转化的呢？可用肠道理论来解决能量修复、吸收与释放的问题。"门内有径，径欲曲；径转有屏，屏欲小"，真实肠道之弯曲，弯曲处起到了一个临时"坝"的作用，使食物不至于快速流失排泄，而是有时间停留下来以供肠壁吸收营养，供应人体消耗所需。庭园造景理论体系中的肠道理论依据人体肠道之原理，设置蜿蜒路径及休憩观赏之廊亭，或是设置障景、障物，使庭园产生的能量能够得以停留、吸收，进而被转化，使庭园能量经年流转，不败不衰。

而安全理论，则主要是创造一个安全区域，即解决人的安全需要，也即：人的被"容"——被包容，被外界环境所接受、容纳的心理；被"拥"——被欢拥，被尊重的心理（满足了成就感）。最后，唤醒理论解决了人之精神寄托与被激发的精神需求问题，也即解决了人被"融"——与外在环境水乳交融，臻至天人合一之境界问题。

容——树木环围之中，包容感及私密性极强

拥——松出石上，伸手迎人，让人体会被尊重感

高者为山 低者为坝 平者为水 互为依存 不断转化

融——与外在环境相融为一，
互为干扰，互为渗透，形成人
与自然的融合

庭园中的水景，势能量聚集之处，平衡之水形成稳定的势能量

瀑布（山水坝）理论在庭园造景中的运用，自然之势之借鉴

肠道理论在庭园中的运用，曲水弯路，动静结合，势能流转

红枫枝伸路面，呈现恭迎姿态，满足主人受尊重的成就感（被"拥"植物之应用）

模山范水，山水坝理论之应用

高者为山 低者为坝 平者为水 互为依存 不断转化

高植物成山，低植物或石块成坝，山水坝之间不断转换，形成不一样的动能和气场

房和大树为山，亭和小树为坝，中间形成势能量场，让人拥有安全感

高者为山（亭、廊）
低者为坝（栏杆、置石、树球）
平者为水（水面、路面、草坪）
互为依存，不断转化

亭为山，鹅为山，山间储水（水池），使屋顶花园形成安全之势

参 考 书 目

[1]　陈从周 . 说园 . 上海 : 同济大学出版社，1984

[2]　南怀瑾 . 易经杂说 . 上海 : 复旦大学出版社，2002

[3]　孙以楷 . 老子通论 . 合肥 : 安徽大学出版社，2004

[4]　骆中钊 . 风水学与现代家居 . 北京 : 中国城市出版社，2006

[5]　孙景浩等 . 周易与中国风水文化 . 太原 : 山西科学技术出版社，2009

[6]　曲黎敏 . 黄帝内经（养生智慧）. 武汉 : 长江文艺出版社，2010

[7]　李申 . 老子与道家 . 北京 : 中国国际广播出版社，2011

[8]　张超 . 藏风聚气 得水为上 . 北京 : 中国物资出版社，2012

[9]　（明）缪希雍 . 葬经翼 . 北京 : 中华书局 ，1985 年

[10]　吴元音 . 葬经笺注 . 上海 : 上海古籍出版社，1995

[11]　（晋）郭璞 . 宅能致（治）病 . 上海 : 上海古籍出版社，2009

[12]　陈植 . 观赏树木学 . 北京 : 中国林业出版社，1984

[13]　张卫明 . 芳香疗法和芳香植物 . 南京 : 东南大学出版社，2009

[14]　陈新生 . 传统艺术与现代设计 . 合肥 : 合肥工业大学出版社，2005

[15]　（美）亚伯拉罕·马斯洛（Abraham H. Maslow）. 动机与人格 . 许金声等译 .
　　　北京 : 中国人民大学出版社，2007

[16]　周光培 . 历代笔记小说集成·明代笔记小说（第十三册）. 石家庄 : 河北
　　　教育出版社，1995

图书在版编目（CIP）数据

庭园造景之道 / 朱之君著 -- 杭州 ：浙江大学出版
社，2013.3
　ISBN 978-7-308-11269-7

　Ⅰ．①庭… Ⅱ．①朱… Ⅲ．①庭院－景观设计 Ⅳ．
①TU986.4

中国版本图书馆CIP数据核字(2013)第045031号

庭园造景之道

朱之君　著

责任编辑	王元新
封面设计	杭州林智广告有限公司
出版发行	浙江大学出版社
	（杭州市天目山路148号　　邮政编码　310007）
	（网址：http://www.zjupress.com）
排　　版	杭州林智广告有限公司
印　　刷	浙江海虹彩色印务有限公司
开　　本	889mm×1194mm　1/12
印　　张	13
字　　数	173千
版 印 次	2013年3月第1版　2013年3月第1次印刷
书　　号	ISBN 978-7-308-11269-7
定　　价	128.00 元

浙江大学出版社发行部邮购电话　（0571）88925591